W0261736

Die Algen.

Dritte Abteilung.
Die Meeresalgen.

Von

Prof. Dr. Robert Pilger,

Privatdozent der Botanik an der Universität Berlin
Kustos am Kgl. Botan. Garten zu Dahlem.

Mit 183 Figuren im Text.

Springer-Verlag Berlin Heidelberg GmbH

Kryptogamenflora
für Anfänger.

Eine Einführung
in das Studium der blütenlosen Gewächse
für Studierende und Liebhaber.

Herausgegeben von

Prof. Dr. Gustav Lindau,

Privatdozent der Botanik an der Universität Berlin.
Kustos am Kgl. Botan. Museum zu Dahlem.

Vierter Band.

3. Abteilung.

Die Algen.

Springer-Verlag Berlin Heidelberg GmbH

ISBN 978-3-662-39367-3

ISBN 978-3-662-40422-5 (eBook)

DOI 10.1007/978-3-662-40433-1

Vorwort.

Nachdem in der zweiten Abteilung die Grünalgen behandelt worden sind, soll der vorliegende Band eine Übersicht über die Meeresalgen bringen. Dabei ist zu bemerken, daß schon eine Anzahl mariner Algen bei den Chlorophyceen beschrieben sind, nämlich die interessanten Siphonales, Cladophora, Ulva usw. Aber der Titel rechtfertigt sich, da uns die beiden charakteristischen Gruppen der Braun- und Rotalgen bleiben, die die Meeresvegetation beherrschen. Nur in geringer Zahl sind in diesen beiden Gruppen Süßwasserformen vertreten, die im Zusammenhang aufgeführt werden. Das berücksichtigte Gebiet umfaßt die Ostsee und Nordsee, soweit die deutschen Küsten reichen, und das Adriatische Meer in seinen nördlichen Teilen.

Für die Ausführung der Figuren bin ich Herrn Zeichner Pohl zu Dank verpflichtet.

Berlin-Steglitz, 1916.   **R. Pilger.**

Inhaltsverzeichnis.

A. Allgemeiner Teil.

1. Verbreitung der Meeresalgen.

Ein Sturm hat an der Felsenküste von Helgoland Massen von Meeresalgen von ihrem Standort losgerissen und ans Ufer geworfen; die Hauptmenge dieser Tanghaufen, denen ein herber Geruch entströmt, bilden die großen Formen der Brauntange, Laminarien und Fucus, wirr durcheinander geworfen; bei näherer Untersuchung gewahren wir dann breite rote Blätter von Delesseria, Büschel von Plocamium und Polysiphonia neben vielen anderen kleineren roten und braunen Formen. Schlaff und zusammengefallen liegen sie da; aber leicht gewinnen wir schon einen Eindruck von der Fülle und der mannigfachen Zierlichkeit der Formgestaltung der Algen, die der Schoß des Meeres birgt, wenn wir sie in einer Schüssel mit Wasser sich im freien Spiel der Formen entfalten lassen. Nur an felsigen Küsten freilich ist ein solcher Reichtum anzutreffen, so an der Nordsee nur bei Helgoland; sonst geben dort die flachen Ufer mit ihren beweglichen Sanddünen den Algen nur wenig Gelegenheit zur Entwicklung, abgesehen von Pfählen der Landungsbrücken etwa und Buhnen, an denen sie ansitzen können. Auch der bewegliche Meeresboden ist in der Nordsee fast völlig frei von Algen. Am ärmsten an Meeresalgen ist von den Nordsee-Inseln wohl Sylt, an dessen Westseite überhaupt keine Algen wachsen und auch nur in ganz geringen Mengen angeschwemmt werden. Von Föhr gibt der bekannte Algenforscher Major Reinbold nur 15 Florideen und Phaeophyceen an, von Amrum deren 19. Im nördlichen Adriatischen Meere, an der Küste von Istrien, ist der Grund des dort relativ flachen Meeres nicht vegetationslos, das Schleppnetz fördert ein buntes Gewirr von Tier- und Pflanzenformen empor, mit Schlamm und Steinen gemischt, unter denen niemals Kalkalgen, Corallinaceen verschiedener Form fehlen.

Aus dem Angeführten ist ersichtlich, daß für das Auftreten der Meeresalgen besonders die physikalische Natur des Bodens von Wichtigkeit ist; beweglicher Boden, Sand oder Schlamm, ist für ihre Entwicklung ungünstig, die Algen wollen an festem Untergrund anhaften und bilden zu diesem Zwecke haarfeine Hafter aus oder mehr oder weniger ausgedehnte Haftscheiben oder Krallenwurzeln, mit denen sie die Steine umklammern, wie etwa die Laminarien. Freilich sind diese Organe den Wurzeln der Phanerogamen nicht gleichzusetzen, da ihnen nur die Funktion des Festhaftens zukommt, nicht aber die der Nahrungsaufnahme aus dem Boden, da die Algen rings von dem nahrungsspendenden Medium umgeben sind. Eine günstige Unterlage für die kleineren und zarteren Formen bieten auch die größeren Algen, so daß der Epiphytismus stark ausgeprägt ist. Reich von kleinen Formen besiedelt sind in dem Adriatischen Meere z. B. stets die Cystosiren, in der Nordsee **Fucus**, dessen Sprosse oft ganz mit **Elachistea fucicola** bedeckt sind. Im Gegensatz dazu stehen die Laminarien, wie überhaupt größere Algen mit glatter und schlüpfriger Oberfläche eine geeignete Unterlage für Epiphyten nicht abgeben.

Alle diese festsitzenden Formen des Meeres faßt man in ihrer Gesamtheit unter der Bezeichnung Benthos zusammen gegenüber den stets freischwimmenden Formen des Meeres-Planktons. Unter Plankton versteht man also die Summe aller freischwimmenden Organismen der Tier- und Pflanzenwelt; es wird passiv bewegt und treibt mit Wind und Strömungen. Das pflanzliche Plankton des Meeres (pelagisches Phytoplankton) setzt sich nur aus sehr kleinen Organismen zusammen, die vorzugsweise den Gruppen der Diatomeen, Peridineen und Cyanophyceen angehören; Phaeophyceen und Rhodophyceen fehlen in ihm, wenn wir hier von den Formen der tropischen Sargasso-See absehen.

Die Vegetation der Meeresalgen zeigt eine ausgeprägte regionale Gliederung, die einzelnen Formen halten sich meist an bestimmte Wassertiefen. Bekannt ist ja, daß im allgemeinen die Rotalgen das tiefere Wasser bevorzugen, daß dann nach oben zu erst die Brauntange und dann die grünen Algen folgen. Eine wichtige Rolle spielt für die regionale Gliederung die Wasserbewegung. Diese kann eine regelmäßige sein, durch den Wechsel von Ebbe und Flut bedingt, oder eine unregelmäßige durch Sturm. Ausgezeichnete Anpassungen zeigen die Algen, die solchen Wasserbewegungen ausgesetzt sind, an ihrem Standort; sie können strang- oder fadenartig sein, mit einer Haftscheibe befestigt und weich-schlüpfrig und beweglich, so daß sie jeder Bewegung nachgeben; ein Typus dieser Art ist z. B. **Nemalion lubricum**; oder wir haben größere schlaffe Sprosse vor uns mit kräftigen Haftern oder Haftscheiben, wie etwa **Fucus** oder **Ascophyllum**; oder durch Verkürzung der Äste nähert sich die Alge der Polsterform, wie etwa **Laurencia** im Adriatischen Meer, oder flache Krusten oder Polster ohne Zweigauswüchse sind dem Gestein angedrückt.

In bezug auf den Unterschied im Wasserstand bei Ebbe und Flut sind die Meere wie bekannt äußerst verschieden; in der offenen Nordsee beträgt der Unterschied meist 2 m. Die Größe des Fluthubes ist einer periodischen Änderung unterworfen, indem nach einer besonders tiefen Ebbe oder besonders hohen Flut (Springtiden) nach 14 Tagen ein auffallend geringes Hochwasser oder Niedrigwasser eintritt (Niptiden). Die Vegetation der Algen in dieser Region wird als litoral bezeichnet; die litorale Region hat also ihre obere Grenze da, wo die Algenvegetation beginnt und ihre untere Grenze an der Ebbegrenze bei Nippflut.

Neben der Wasserbewegung wirkt der Unterschied von Ebbe und Flut insofern auf die Algen ein, als nur solche in der litoralen Region dauernd gedeihen können, die ein wenigstens mehrstündiges Austrocknen vertragen können. Freilich sind auch hier Unterschiede vorhanden; so sind z. B. auf Helgoland an der Westseite große Strecken, mit Fucus bedeckt, zur Ebbezeit freiliegend, auch Ascophyllum wächst hier litoral auf erratischen Blöcken; diese feuchte Schicht schützt viele andere litorale Algen, Chondrus crispus, Polyides rotundus, Corallina, Dictyota usw.

Die auf die litorale nach unten zu folgende Region wird als sublitoral bezeichnet, auch in ihr nehmen die Algen durchschnittlich noch verschiedene Stufen ein, so gedeihen auf Helgoland die Laminarien oberhalb zahlreicher Rotalgen.

In der Ostsee ist im Gegensatz zur Nordsee der Unterschied im Wasserstand bei Ebbe und Flut sehr gering, in der östlichen Ostsee fast gleich Null, so daß hier als Wasserbewegungen nur die unregelmäßigen für die Algen in Frage kommen. Demgemäß ist auch die litorale Region hier anders gegen die sublitorale als in der Nordsee abzugrenzen. Eine gute durchschnittliche Scheide für eine Reihe von Formen bietet die Viermeterlinie, so daß hier die Grenze der litora'en Region zweckmäßig angesetzt wird. Man kann in der litoralen Region vielleicht noch 2 Stufen, von 0—2 m und von 2—4 m unterscheiden.

Auch im Mittelmeer ist der Unterschied des Wasserstandes nur gering, auch sind auffallende Differenzen in seinem Ausmaß an denselben Orten vorhanden; als durchschnittlichen Wert kann man wohl für das nördliche Adriatische Meer 1,5—2 Fuß annehmen. Einige Algen leben dauernd (das gilt auch für die Nordsee) über dem höchsten Wasserstand an Uferklippen, nur von Spritzwasser benetzt, so die zierliche Catenella opuntia. Die eigentliche litorale Region reicht vom höchsten Wasserstand bis ungefähr 1½ m Tiefe. In der oberen auftauchenden Stufe dieser Region, die also zur Ebbezeit trocken liegt, sind charakteristische Formen etwa Nemalion lubricum mit seinen schlüpfrigen Strängen, die Krusten von Lithophyllum tortuosum, Laurencia, Enteromorpha und Ulva, die an allen festen Substraten vorkommen, ferner Fucus virsoides, der oft in großen Mengen zur Ebbezeit bloßgelegte Felsen bedeckt. Sehr reich an Formen ist die untere, nicht auftauchende Stufe der litoralen Region; hier treten an Stelle von Fucus Cystosira-Arten, reich mit Epiphyten bedeckt, Arten von Callithamnium, Ceramium, Polysiphonia, Ectocarpus, Udotea usw. Etwas tiefer noch wächst Sargassum. In der sublitoralen Region läßt der Reichtum an Formen allmählich nach; große Tiefen erreicht das Meer an der

Küste von Istrien überhaupt nicht; die Dichte der Grundbewachsung richtet sich nach dem Boden; charakteristische Formen des tieferen Wassers, die mit dem Schleppnetz vom Boden heraufgeholt werden, sind etwa Lithophyllum und Lithothamnium, Peyssonnelia polymorpha, Vidalia volubilis, Rhodymenia ligulata, Codium bursa.

Neben der Wasserbewegung ist ein wichtiger Faktor für die regionale Gliederung der Algen-Vegetation im Licht gegeben. An Plätzen mit geringerer Lichtintensität, in größeren Tiefen oder in den oberen Regionen im Schatten von Felswänden oder Grotten, herrschten rotgefärbte Florideen vor; die braunen Algen und besonders die grünen Algen dagegen lieben stärkere Belichtung und leben deswegen an mehr offenen Plätzen des flacheren Wassers. Florideen, die einer stärkeren Belichtung ausgesetzt sind, zeigen eine mehr braune oder gelbe Farbe, wie Nemalion, Laurencia, Wrangelia; ja auch an Exemplaren derselben Art kann die Farbe nach der Intensität der Belichtung wechseln.

Für die horizontale Verbreitung der Meeresalgen fallen vor allem zwei Faktoren ins Gewicht, die Wärme und der Salzgehalt. Ebenso wie bei den Landpflanzen das Klima wesentlich die Grenzen der Floren bedingt, so sind auch bei den Meeresalgen die Formen der kälteren und wärmeren Meere floristisch geschieden. Bekannt ist die starke Entwicklung der großen Brauntange in den kälteren Meeren sowohl der nördlichen wie der südlichen Halbkugel; so kommen ja gerade in der Antarktis die gewaltigsten Formen der Braunalgen, wie Macrocystis und Durvillea, vor, und in den arktischen Meeren zahlreiche große Laminariaceen. Noch in der Nordsee finden sich die mächtigen Laminaria-Arten, dann Ascophyllum, Chorda, die großen Fucus-Arten und Halidrys. In den wärmeren Meeren sind die braunen Algen nur durch relativ kleinere Formen vertreten, besonders durch die artenreichen Gattungen der Fucaceen Cystosira und Sargassum. Beide Gattungen finden sich auch im Adriatischen Meere, wo noch ein kleinerer Fucus, F. virsoides, sich ihnen gesellt. Aber auch abgesehen von diesen zunächst auffallenden Formen springt die völlige Verschiedenheit der Zusammensetzung der Algenflora des Adriatischen Meeres ins Auge gegenüber der der Nordsee und der Ostsee, welch letztere nur einen Ableger der reicheren Nordseeflora darstellt. Eine große Zahl von Gattungen kommen in dem von uns behandelten Gebiet entweder nur in der Nordsee (bzw. in der Nord- und Ostsee) oder im nördlichen Adriatischen Meer vor, oder wenigstens sind die Arten verschieden; beiden Teilen gemeinsam sind nur wenige verbreitete Arten wie Ceramium rubrum, Corallina officinalis.

Der Salzgehalt des Meerwassers ist von entscheidender Bedeutung für die Besiedelung der Ostsee durch die Meeresalgen, wie er auch die Ökologie ihrer Formen bestimmt. Ein gutes Mittel für den Salzgehalt des Meeres im allgemeinen ist 3,5% oder nach dem gewöhnlichen Ausdruck 35⁰/₀₀. In der Nordsee, die mit dem Atlantischen Ozean in breiter Verbindung steht, wird dieser Salzgehalt erreicht. Nicht aber in der Ostsee; hier fällt der Salzgehalt in den Oberflächen-Schichten nach Osten zu schnell; er beträgt im Westen 10—15⁰/₀₀, im südöstlichen Teile 7—8⁰/₀₀, im Bottnischen Meerbusen 2—4⁰/₀₀. Dabei ist zu beachten, daß im Osten der Salzgehalt in größeren Tiefen höher ist als an der Oberfläche. Diese Tatsache ist für die Verbreitung der Algen von Bedeutung. In flachen Meeresteilen können, wie Reinke zeigt, nur diejenigen Arten gedeihen, deren Organisation einen geringen Salzgehalt des Wassers zu ertragen fähig ist, während die Formen, die nur im salzreicheren Wasser leben können, auf größere Tiefen beschränkt sind. So wächst nach Reinke Desmarestia aculeata, die bei Helgoland litoral ist, in der Kieler Bucht nur im Wasser von mehr als 12 m Tiefe. Im allgemeinen ist die Flora der Ostsee bedeutend ärmer als die der Nordsee, der sie entstammt; sie enthält die Formen, die in das schwächer salzhaltige Wasser übergehen konnten; nur wenige Arten hat die Ostsee als eigenen, der Nordsee fehlenden Bestand herausgebildet. Der Einfluß des verminderten Salzgehaltes zeigt sich ferner in einer Verkümmerung der Formen und der Entstehung eigentümlicher Abweichungen der Arten, die man kaum erkennen würde, wenn nicht alle Übergänge zu den normalen Formen der Nordsee vorhanden wären. So wächst z. B. Chondrus crispus in der Ostsee mit viel längeren und schmaleren Sproßlappen, und Phyllophora Brodiaei kommt in einer sehr schmal linealischen Form vor.

Dem Sinken des Salzgehaltes nach Osten zu entsprechend läßt auch der Reichtum an Meeresalgen bedeutend nach. Während z. B. Reinbold für die Kieler Förde 48 Arten von Florideen und Phaeophyceen angibt, wurden für die Danziger Bucht nur 15 Arten von Florideen und 14 Arten von Phaeophyceen nachgewiesen.

Der Salzgehalt wird auch lokal durch Einströmen von Flüssen verringert. In solchem brackischen Wasser überwiegen die grünen Algen, besonders Ulva, Enteromorpha, Cladophora. Diese Formen vertragen im Gegensatz zu den meisten Meeresalgen bedeutende Unterschiede in der Konzentration des Salzes. Wie gegen Änderung des Salzgehaltes sind die Meeresalgen auch meist sehr empfindlich gegen Verunreinigung des Wassers. Beispielsweise hat die Flora des Golfes von Triest in neuerer Zeit durch die Ausflüsse von Fabriken usw. eine starke Verarmung erfahren. Auch hier zeigen sich die oben genannten Grünalgen widerstandsfähig und gedeihen reichlich.

Nur wenige Formen der Florideen und Phaeophyceen sind durchaus Bewohner des süßen Wassers, unter der ersten Gruppe Batrachospermum und Lemanea, unter der zweiten Pleurocladia und Lithoderma fontanum.

Entsprechend der Landflora läßt sich auch bei der Vegetation des Meeres eine Peridiozität nach den Jahreszeiten nachweisen.

Zahlreiche einjährige Algen treten nur zu bestimmten Jahreszeiten auf und verschwinden dann wieder; ferner fruktifizieren die Meeresalgen nur zu gewissen Zeiten oder verändern, wenn sie ausdauernd sind, ihren Habitus im Laufe des Jahres beträchtlich. Nur einige Beispiele seien hier erwähnt.

Das große Chorda filum tritt in Helgoland erst Ende Mai auf, fruchtet von Juli bis in den September und ist zu Anfang Oktober verschwunden.

Bei Laminaria bleibt nur der Stiel bestehen, zwischen ihm und dem Grunde des blattartigen Teiles des Sprosses schiebt sich im Frühjahr ein neues Blatt ein, nach dessen Entwicklung das alte zerrissene Blatt abgeworfen wird.

Bei Desmarestia trägt der Sproß im Sommer zahlreiche zierliche Haarzweige, die im Herbst abgeworfen werden.

Der Sproß von Delesseria sanguinea, der breit blattartig ist, wird im Winter bis auf die Mittelrippe reduziert, an der dann die Fortpflanzungsorgane entstehen.

In den wärmeren Meeren spielt die nach den Jahreszeiten wechselnde Intensität des Lichtes für die Peridiozität eine bedeutende Rolle, für die kälteren Meere ist im Wechsel der Wärme der ausschlaggebende Faktor zu suchen. Hier ist auch die Peridiozität stärker ausgeprägt. Der Winter ist in der Nordsee ärmer an Arten als der Sommer, wenn es auch z. B. eine Anzahl von vergänglichen Phaeophyceen gibt, die sich gerade im Winter entwickeln, wie Sphacelaria radicans. Auch der Einfluß des Eises macht sich besonders für größere Formen geltend. So bemerkt Kuckuck für Helgoland: Während der kälteren Wintermonate, wo die emergierende Klippe sich oft mit einer Eiskruste überzieht, finden sich dann nur die krüppelhaften Stümpfe verschiedener Arten, und allein krustenförmige Arten wie Ralfsia oder rasenförmige, wie die Klippenform von Corallina officinalis scheinen jetzt gut zu gedeihen, bis dann Licht und Wärme den Jahreszyklus von neuem beginnen lassen.

2. Organisation des Algenkörpers.

Der einfachste Typus ist der verzweigte Zellfaden, wie wir ihn in der Gruppe der Phaeophyceae etwa bei Ectocarpus, in der Gruppe der Rhodophyceae bei Callithamnium oder Chantransia sehen.

Der Faden von Ectocarpus verlängert sich durch interkalare Teilungen; es können alle Zellen sich weiter teilen, oder es sind besondere Zuwachszonen vorhanden, in denen eine reichliche Teilung statthat. Auch die für die Phaeosporeen so charakteristische Haarbildung tritt schon auf; es laufen Zweige lang aus mit sehr schmalen farblosen Zellen. In den verschiedensten Gattungen finden sich solche Haarzweige wieder. Im Gegensatz zu den Ectocarpaceae haben nun z. B. die Sphacelariaceae an den Enden des Sprosses und der Zweige eine typische große Scheitelzelle; durch ihre Querteilung allein und durch die Streckung der Teilzellen wird der Sproß vergrößert. Dann aber erfolgt auch Wandbildung in der Längsrichtung des Zweiges, durch die die Zellen gefächert werden; aus dem Zellfaden wird ein Zellkörper, dessen Umfang durch Berindung vergrößert wird.

Die Basis des Sprosses der Ectocarpaceen wird öfters von einer Zellscheibe gebildet, auf die die Pflanze auch fast ganz reduziert sein kann, bis auf Haare und Sporangien, die sich über die Scheibe erheben. Vielschichtige, dickere Sohlen sind bei den größeren Phaeophyceen häufig, wenn sie nicht mit Haftern befestigt sind. Bei Fehlen aufrechter Sprosse sind vielfach die Arten als Scheiben oder mehr oder weniger dicke Polster ausgebildet. Die aufrechten Sprosse der größeren Arten zeigen die mannigfachste Gliederung, wie im speziellen Teil bei den einzelnen Familien beschrieben wird. Die mächtigsten Formen finden sich unter den Laminarien, die eine deutliche Gliederung in ein krallenförmiges Haftorgan, einen Stiel und einen blattartigen Sproßteil aufweisen und auch schon einen ziemlich komplizierten inneren Aufbau aus verschiedenen Gewebearten besitzen. Am meisten ist eine gewisse Analogie mit höheren Pflanzen bei den Fucaceae ausgeprägt; hier steht Sargassum am höchsten, seine flachen Kurztriebe sind in Stellung und Ausbildung den Blättern von Phanerogamen durchaus ähnlich.

Bei einigen Gattungen der Braunalgen wechseln im Entwicklungsgange verschiedene Generationen ab, die eine so verschiedene Gestaltung zeigen können, daß ihr Zusammenhang nur durch die Beobachtung ihrer Folge erkannt werden kann; man vergleiche darüber die Beschreibung von Cutleria und Aglaozonia.

Die Chromatophoren in den Zellen der Phaeophyceen haben bei den meisten Gruppen eine linsenförmige Gestalt, ähnlich wie bei den höheren Pflanzen, besonders aber bei den Ectocarpaceen ist ihre Form recht wechselnd; so finden sich bei der Gattung Ectocarpus bei den verschiedenen Arten mehrere kleine Platten oder gewundene Bänder oder vielzackige Körper. Die Färbung der Chromatophoren ist gelb oder braun und bedingt auch in ihrer Stärke den Farbenton der Alge; das Chlorophyll, das auch hier, die Assimilation bewirkend, vorhanden ist, wird durch einen braunen Farbstoff, das sogenannte Phycophaein, verdeckt.

Der Ausbildung von Ectocarpus entspricht etwa bei den Rhodophyceae Callithamnium oder Chantransia. Die zierliche, reichlich verzweigte Alge ist monosiphon, ihre Zweige bestehen aus einzelnen Zellreihen und verlängern sich durch Teilung einer Scheitelzelle. Überhaupt nehmen wir für alle Rhodophyceen einen Aufbau aus Zellfäden an, die mit der Spitze fortwachsen und mannigfach verzweigt und miteinander verwachsen sein können. Oft allerdings ist die Fadennatur undeutlich, und das Gewebe erhält einen parenchymartigen Aufbau. Bei Ceramium, dessen Arten zierliche buschige Formen sind, werden öfters die Zellen der Fadenachse nur an ihrem oberen Teil von einem kleinzelligen Rindengewebe umgeben; bei anderen Arten erstreckt sich dann diese Berindung über den ganzen Faden, so daß dann die zentrale Fadenachse äußerlich verschwindet. Bei vielen Formen mit stark entwickelter Rinde ist die zentrale Achse wohl erhalten; bei Caulacanthus z. B. entspringen der Zentralachse Rindenfäden, die sich nach außen reichlich verzweigen und zu einer kleinzelligen Rinde zusammenschließen. Die langgliederige Zentralachse von Batrachospermum bringt an jeder Zelle einen Wirtel von Kurztrieben hervor, die die ganze Alge rosenkranzartig gegliedert erscheinen lassen.

Bei den Rhodomelaceae wird an der Spitze der Triebe von den Zellen der Zentralachse rings um diese herum ein Kranz von Zellen abgeteilt, die die Zentralachse dauernd umgeben; sie sind die sogenannten Perizentralen. Ihre Zahl wechselt bei den Formen. Bei Arten von Polysiphonia besteht der Sproß dauernd nur aus der Achse und den Perizentralen, bei den meisten Rhodomelaceen kommt aber eine mehr oder weniger starke Berindung hinzu.

Haben wir so bei einer großen Zahl von Rotalgen eine einfache Zentralachse, so ist bei anderen Gruppen an ihrer Stelle ein Bündel von Fäden vorhanden, die je mit einer Scheitelzelle fortwachsen. Diese sind oft nur durch weiche Gallerte verbunden, durch einen leichten Druck auf das Deckglas lassen sie sich auseinanderquetschen. So z. B. Nemalion oder Verwandte. Die zahlreichen mittleren Längsfäden bilden einen Markkörper, von dem aus senkrecht reich verzweigte, kurze Rindenfäden, locker durch Gallerte verbunden, ausgehen. Nur in den Rindenfäden sind Chromatophoren vorhanden, die Markfäden sind farblos. Häufig wird das Mark von dünnen querverlaufenden Hyphen durchflochten. Nicht immer sind die Formen mit vielfädigem Markkörper weich, sie können auch durch ihre kleinzellige Rinde derbere Konsistenz gewinnen. So ist z. B. Furcellaria knorpelig, die Rinde ist sehr dick, und es läßt sich eine mehr großzellige Innenrinde und eine sehr kleinzellige dicht schließende Außenrinde unterscheiden. Bei den Corallinaceen, die auch diesem Typus angehören, wird die große Härte durch Einlagerung von Kalk in die Zellwände bedingt. In dieser Gruppe kommen Formen vor, wie Corallina, die einen aufrechten, zierlich verzweigten Sproß entwickeln, dann Formen, die nur aus einer flachen gleichmäßigen Kruste bestehen, endlich solche, die aus der Kruste aufrechte Zacken oder Zweige hervorgehen lassen. Im allgemeinen sind unter den Rotalgen die ungegliederten krusten-, scheiben- oder polsterartigen Formen nicht sehr verbreitet, wir finden sie außer bei den Corallinaceen besonders noch bei den Squamariaceen, dann bei einigen Parasiten, bei denen, ebenso wie bei den phanerogamen Parasiten, die Vegetationsorgane reduziert sind.

Schon oben wurde erwähnt, daß bei einer nicht geringen Zahl von Gattungen der Fadentypus der Florideen nicht deutlich hervor-

tritt, wenn wir ihn auch in der Phylogenese der Formen voraussetzen.
So ist auch der flache Sproß von Delesseria als aus verwachsenen
Fäden entstanden zu betrachten. In der Tat aber können wir bei
solchen Formen weder einen Zentralfaden noch einen Markkörper
aus parallelen Fäden erkennen, sondern der Aufbau ist mehr gleichmäßig parenchymatisch. Öfters wird auch die in der Scheitelregion
noch deutliche Zentralachse bald ganz unkenntlich, wie bei Laurencia, oder der Sproß wird hohl und der Markkörper undeutlich. wie
bei einigen Rhodymniaceen.

Wie die Braunalgen enthalten auch die Rotalgen in den Zellen
Chromatophoren, sind also zu eigener Assimilation befähigt; die
grüne Farbe des Chlorophylls ist durch einen roten Farbstoff, das
sogenannte Phycoerythrin verdeckt Die Chromatophoren sind in
geringerer oder größerer Zahl in den Zellen vorhanden; sie haben
die Gestalt von Platten oder Scheiben oder sind schmaler bandförmig
oder auch vielfach gezackt oder gezähnt oder gelappt.

3. Fortpflanzung der Phaeophyceae.

In der Abteilung der Phaeosporeae, die alle Familien mit
Ausnahme der Fucaceae umfaßt, werden zweierlei Arten von Fortpflanzungsorganen, unilokuläre Sporangien und pluriloculäre Sporangien (bzw. Gametangien) ausgebildet (vgl. die Abbildungen im
systematischen Teil).

a) Unilokuläre Sporangien. Sie erzeugen stets auf ungeschlechtlichem Wege Schwärmer oder Zoosporen. Bei Ectocarpus
stehen sie als Ausstülpung an Stelle eines kleinen Seitenzweiges
an den Fäden und gewinnen rundliche oder ellipsoidische Gestalt.
Es findet im jungen Sporangium Kernteilung und Chromatophoren-
teilung statt, denn jeder Schwärmer wird mit einem Kern, einem
Chromatophor und einem Augenfleck ausgestattet. Die Teile des
Plasmainhaltes (die entstehenden Schwärmer) werden nicht durch
feste Wände, sondern nur durch Plasmalamellen voneinander getrennt. Die Wand des Sporangiums öffnet sich an der Spitze und läßt
die fertigen Schwärmer austreten. Diese sind meist von birnförmiger
Gestalt und haben 2 Geißeln.

Bei Gattungen der Phaeosporeen, deren Formen Zellkörper darstellen, werden die unilokulären Sporangien in den Rindenschichten
gebildet (vgl. Abb. im syst. Text).

Von den meisten Gattungen der Phaeosporeen sind neben
unilokulären auch plurilokuläre Sporangien bekannt, von den Laminariaceen kennt man nur die ersteren. Bei Laminaria stehen sie
in großen Anhäufungen (Sori) zusammen, die schon äußerlich als
Flecken auf dem Blatteil hervortreten. Sie entstehen als seitliche
Auswüchse an der Basalzelle von auf 2 Zellen reduzierten Fäden, die
aus Oberflächenzellen hervorgehen; die Endzellen dieser Fäden

(sog. Paraphysen) sind langgestreckt, keulenförmig und am Ende mit großer Schleimkappe versehen; sie überragen die Sporangien.

b) **Plurilokuläre Sporangien** (Gametangien). Sie entstehen an ähnlichen Stellen wie die unilokulären, so bei **Ectocarpus** an seitlichen Ausstülpungen oder kurzen Seitenzweigen. Bei **Pylayella** findet Teilung der Zellen im Fadenverband statt (vgl. Abb. im syst. Text). Die Ausstülpungen oder mehrere Zellen in der Reihe im Faden werden nun durch feste Wände quer und längs gefächert. In jedem Fach wird nur ein Schwärmer erzeugt. Die plurilokulären Sporangien können sich durch ein einziges Loch entleeren, indem im Innern die Wände bis auf kleine Reste aufgelöst werden, oder es können zahlreiche Öffnungen nach außen entstehen. Vielfach ist nun nachgewiesen, daß die Schwärmer der plurilokulären Sporangien miteinander kopulieren, also Gameten sind. Bei **Ectocarpus siliculosus** z. B. und anderen Formen sind diese Gameten gleich groß, es ist nur ein Geschlechtsunterschied, aber kein Formunterschied vorhanden. Ein Schwärmer funktioniert als weiblicher Gamet und setzt sich fest, andere schwärmen um ihn, bis einer sich mit ihm verbindet. Bei anderen Formen sind die plurilokulären Sporangien verschieden, teils in größere Fächer, teils in ganz kleine Fächer aufgeteilt; danach sind auch die Gameten an Größe verschieden; die größeren setzen sich fest und werden von den kleinen befruchtet. Vieles ist hier noch aufzuklären. **Kuckuck** berichtet z. B. von Helgoland, daß bei **Scytosiphon** im Gegensatz zu **Ectocarpus** Befruchtung nur in seltenen Fällen erfolgt. Man kann dies, da indifferente und weibliche Schwärmer sich nicht unterscheiden, durch das Fehlen männlicher Exemplare bei Helgoland und parthenogenetische Keimung ebensogut wie durch den Mangel einer geschlechtlichen Differenzierung überhaupt erklären.

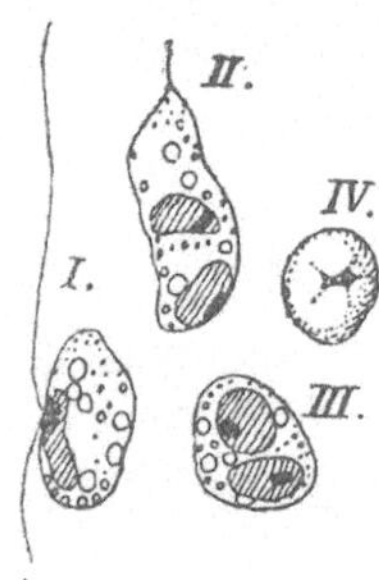

Fig. a. Kopulation von Phaeosporeen— Gameten.

Bei **Phyllitis zosterifolia** konnten bei einzelnen Exemplaren viele kopulierende Schwärmer konstatiert werden, an anderem Material fand dagegen wieder trotz des Austretens zahlreicher Schwärmer keine Kopulation statt. Die Zygotenbildung erfolgt also nur unter besonderen nicht näher bekannten Bedingungen. Bei **Lithoderma fatiscens** können die Gameten aus den plurilokulären Sporangien an Größe erheblich differieren, doch gehen die Größenunterschiede der Geschlechtsdifferenz nicht parallel.

Die **Fucaceae** (Cyclosporeae) haben eine geschlechtliche Fortpflanzung durch ruhende Eier und schwärmende Spermatozoiden. Ungeschlechtliche Schwärmer fehlen. Die Geschlechtsorgane werden erzeugt in den Conceptakeln, flächenförmigen Höhlungen im Sproß mit enger Mündung nach außen (vgl. Fig. b). Die Conceptakeln sind an bestimmten, schon äußerlich kenntlichen Stellen des Sprosses in Gruppen vereinigt, etwa an den Zweigspitzen. Bei F u c u s kommen diöcische Arten vor (F. vesiculosus) neben monöcischen (F. platy- carpus); bei F. platycarpus werden Eier und Spermatozoiden im selben Conceptakel entwickelt. Die Höhlungen tragen innen Haare (Paraphysen), zwischen denen aus der Wandung oberflächlich die Geschlechtsorgane entstehen (Fig. b). Bei der Bildung der weiblichen wird zunächst eine Zelle vorgewölbt, die dann in eine Stielzelle und das eigentliche Oogonium sich teilt. Das Oogonium zerfällt in 8 Teile

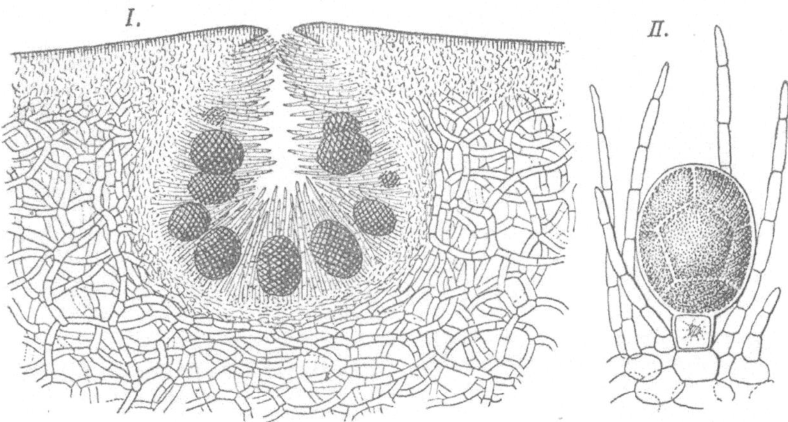

Fig. b. I. ♀ Conceptakel von F u c u s. II. Oogonium und Paraphysen.

(Fig. b II), die durch zarte Wände getrennt sind, und erzeugt 8 Eier, die in das Meerwasser austreten. Bei Ascophyllum werden nur 4 Eier gebildet. Die Antheridien entstehen in den Conceptakeln an verzweigten, monosiphonen Fäden; auch die in großer Zahl gebildeten Spermatozoiden treten in das Meerwasser aus. Dort findet die Be- fruchtung statt. Die Entleerung der Conceptakeln geschieht besonders zur Ebbezeit, während die Fucaceen oft trocken liegen, und während der Flut erfolgt dann die Befruchtung.

Betreffs der Fortpflanzung der D i c t y o t a c e a e ist der systema- tische Teil zu vergleichen; besonders hervorzuheben ist die Bildung von Tetrasporen, die den Phaeophyceen fehlen.

4. Fortpflanzung der Rhodophyceae.

Geschlechtliche Fortpflanzung. Der weibliche Apparat wird durch den Karpongonzweig gebildet. Solche eigentümlich gestalteten Zweige, die immer nur wenigzellig sind, sitzen sterilen Zweigen des Sprosses seitlich an (vgl. Fig. c); ihr Ende ist das einzellige Karpogon, dessen Bauchteil in das Empfängnishaar, Trichogyn, ausgeht, das meist lang und schmal (Fig. c), bei Batrachospermum aber z. B. (vgl. Fig. d) keulenförmig ist. Das befruchtungsreife Karpogon hat in seinem Bauchteil ein Chromatophor und einen Kern. Schon vor der Befruchtung können sich aus den Zellen des Karpongonzweiges kleine Seitenzweiglein entwickeln (Fig. d).

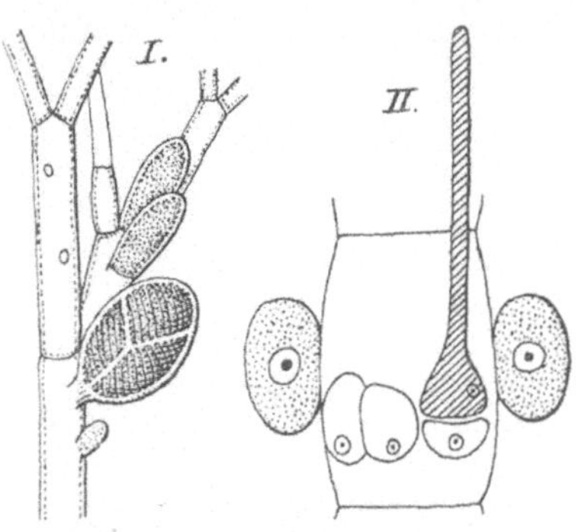

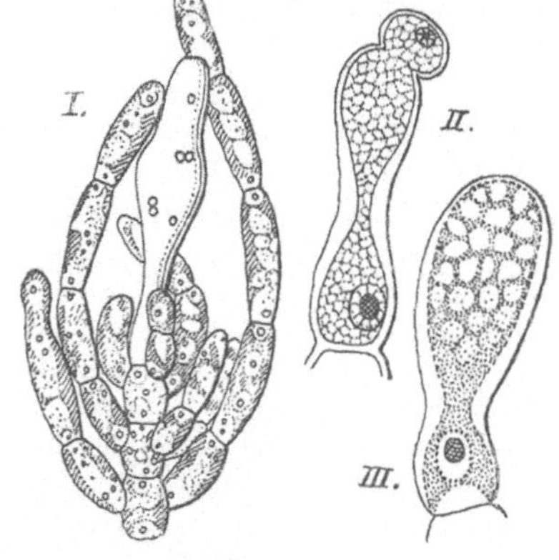

Fig. c. Callithamnium. I. Zweig mit Tetrasporen. II. Zweigzelle mit 2 Auxiliarmutterzellen und Karpogonzweig.

Fig. d. Batrachospermum. I. Karpogonzweig. II. Karpogon mit anhängendem Spermatium. III. Unbefruchtetes Karpogon mit dem Eikern.

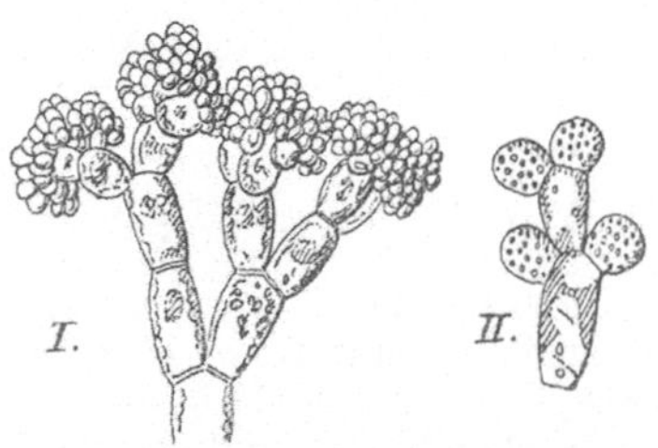

Fig. e. I. Teil eines Antheridienstandes von Helmiothora. II. Antheridien von Batrachospermum.

Die Befruchtung wird durch Spermatien vollzogen, kleine, kugelige, farblose Zellen, die keine Geißeln besitzen, also nur passiv beweglich sind. Sie entstehen einzeln in kleinen Zellen (Spermatangien, Antheridien), die in sehr verschiedenartigen Gruppen angeordnet sein können. Bei Batrachospermum und Verwandten z. B. bilden sie dichte Gruppen an den Zweigenden (Fig. e), bei Ceramium krustenartige Überzüge der Rinde. Die Spermatien nun legen sich an das Trichogyn an (Fig. d) und lassen ihren Kern in dieses übertreten (Fig. f), der dann mit dem Eikern verschmilzt. Das nunmehr funktionslos gewordene Trichogyn gliedert sich durch eine Wand ab und wird abgestoßen. Das weitere Verhalten der befruchteten Eizelle ist recht verschieden, es sollen daher einige Typen, auf die sich die zahlreichen Formen im großen und ganzen zurückführen lassen, kurz beschrieben werden.

Bei **Batrachospermum** und Verwandten (Gruppe der **Nemalionales**) treiben aus dem befruchteten Karpogon kurze Zellfäden hervor, die schließlich ein dichtes Büschel (Gonimoblast) bilden. Die Endzellen dieser Zweiglein füllen sich stark mit Inhaltsstoffen und runden sich ab. Ihre Membran platzt auf, und der Inhalt tritt als „Karpospore" aus. Diese Karposporen sind keimfähig und wachsen zu neuen Individuen heran.

Bei den anderen Gruppen bilden die aus dem Karpogon entspringenden Fäden (Ooblastemfäden oder sporogene Fäden) nicht selbst die Karposporen aus, sondern treten erst mit Nährzellen im Sproß, den sogenannten Auxiliarzellen, in Verbindung. Diese können ganz in

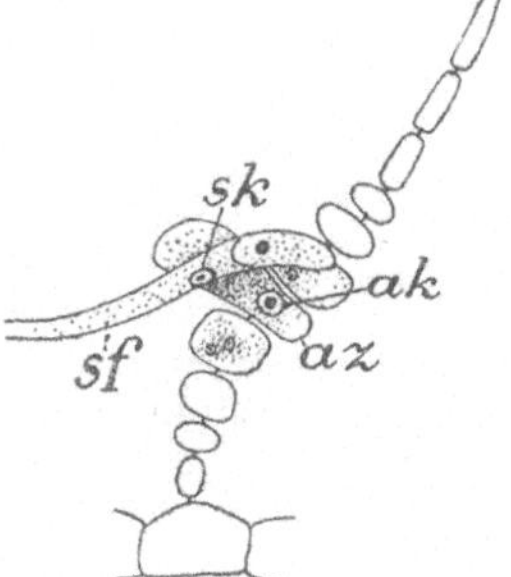

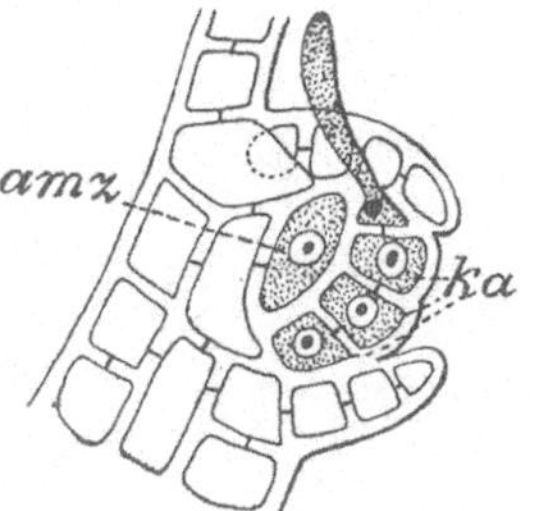

Fig. f. Karpogonzweig von **Dasya**. Anhängend zwei Spermatien, deren Kerne in dem Trichogyn.

Fig. g. **Dudresnaya coccinea.** sf = Ooblastemfaden (sporogener Faden). sk = dessen Kern (sporogener Kern). az = Auxiliarzelle. ak = deren Kern.

Fig. h. **Rhodomela.** ka = Karpogonzweig. amz = Auxiliarmutterzelle.

der Nähe des Karpogonzweiges liegen oder von ihm weiter entfernt, so daß lange Ooblastemfäden zu den Auxiliarzellen hinwachsen müssen. Das altbekannte Beispiel für den letzten Fall, der für die Gruppe der **Cryptonemiales** charakteristisch ist, bietet **Dudresnaya** unter den **Dumontiaceae**. Karpogone und Auxiliarzellen liegen in den Rindenzellbüscheln. Der Ooblastemfaden nähert sich der Auxiliarzelle (vgl. Fig. g), die Wand zwischen beiden wird aufgelöst, doch findet nicht (wie man früher annahm) eine nochmalige Befruchtung (Vereinigung des Kernes des Ooblastemfadens und des Kernes der Auxiliarzelle) statt, sondern beide Kerne bleiben für sich, die Auxiliarzelle ist nur zur Ernährung da.

An der Verbindungstelle des Ooblastemfadens und der Auxiliarzelle bildet der erstere das Karposporenbüschel. **Die Kerne der**

Karposporen sind nur Teilkerne des Kernes des Ooblastemfadens.

Der Ooblastemfaden kann, nachdem sich sein Kern geteilt hat, so daß auch die weitere Fortsetzung im Besitz eines Kernes ist, weiter wachsen und sich mit einer weiteren Auxiliarzelle vereinigen.

In anderen Fällen können aber die Auxiliarzellen mit den Karpogonzweigen dicht zusammenliegen; wir haben dann in diesen Gebilden die sogenannten Prokarpien vor uns. Bei dem von Oltmanns näher untersuchten Callithamnium z. B. entstehen an einer Sproßzelle 2 „Auxiliarmutterzellen“ (vgl. Fig. c II), die als auf eine Zelle verkürzte Seitenzweige zu betrachten sind. An einer dieser Zellen sitzt der kurze Karpogonzweig an. Nunmehr findet die Befruchtung statt. Gleichzeitig teilt sich die Auxiliarmutterzelle in eine Basalzelle und die eigentliche Auxiliarzelle. (Ein ähnliches Bild zeigt Fig. h für Rhodomela; die Auxiliarmutterzelle amz trägt den Karpogonzweig und schneidet dann die eigentliche Auxiliarzelle ab.)

Das Karpogon bildet einige sporogene Zellen, die mit der ganz nahe stehenden Auxiliarzelle verschmelzen. Der sporogene Kern teilt sich einmal, der eine Teilkern wird durch eine Wand von dem anderen und dem Auxiliarzellenkern abgetrennt, und durch fortgesetzte Teilung (also ohne Zuhilfenahme des Auxiliarzellenkernes) entsteht der Sporenhaufen. Dieselbe Zelle trägt also bei Callithamnium die Auxiliarzelle und den Karpogonast. Es ist dies ein charakteristisches Kennzeichen der Verwandtschaftsgruppe der Ceramiales. Bei den Gigartinaceae funktioniert die Basalzelle des Karpogonzweiges selbst als Auxiliarzelle; ein kurzer Faden aus dem befruchteten Karpogon verbindet dann dieses mit der Auxiliarzelle (Fig. i).

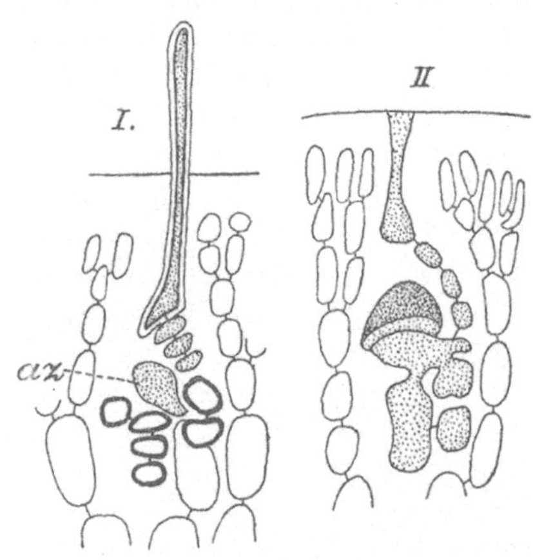

Fig. i. Harveyella mirabilis. I. Vor der Befruchtung. Die Auxiliarzelle bildet die Basalzelle des Karpogonzweiges. II. Das obere Ende der Auxiliarzelle wird nach der Vereinigung von Karpogon und Auxiliarzelle durch einen kurzen Ooblastemfaden als Zentralzelle abgeschnitten, der untere Teil fusioniert mit sterilen Zellen.

Die Karposporenhaufen (Gonimoblaste) können nun, wie bei dem eben beschriebenen Callithamnium, nackt sein oder sie können von besonderen Hüllen umgeben sein, die sich erst mit ihrer Entwicklung zugleich herausbilden und sich selbständig deutlich vom vegetativen Sproß abheben, in ihrer Form Fruchthüllen vergleichbar.

Man nennt den Karposporenhaufen mit seiner Hülle, die Frucht der Florideen, Cystokarp. In ihrer Form herrscht nach den einzelnen Familien große Verschiedenheit; es ist hier auf die Beschreibung der Cystokarpien bei den Familien hinzuweisen. Bei Polysiphonia z. B. (Fig. 127) ist das Cystokarp eiförmig oder urnenförmig gestaltet, mit einem kurzen Stiel dem Sproß angeheftet, oben mit ziemlich breitem Porus geöffnet; bei den Sphaerococcaceae springen die Cystokarpien, am Sproß verstreut, beträchtlich vor, bei Gelidiun (Fig. 88) werden sie durch beiderseits vorspringende Anschwellungen von Zweiglein gebildet. Oder die Cystokarpien sind dem Sproß eingesenkt, wie etwa bei den Dumontiaceae oder den Rhodophyllidaceae; ihre Höhlung ist dann oft mit einem Geflecht dünner Fäden ausgekleidet.

Der Gonimoblast (auch irreführend als „Kern" bezeichnet) kann einheitlich sein oder in mehrere deutlich getrennte Gonimoloben (Teilkerne) zerfallen. Die häufig etwas verdickte Grundfläche der Cystokarpien wird als Plazenta bezeichnet.

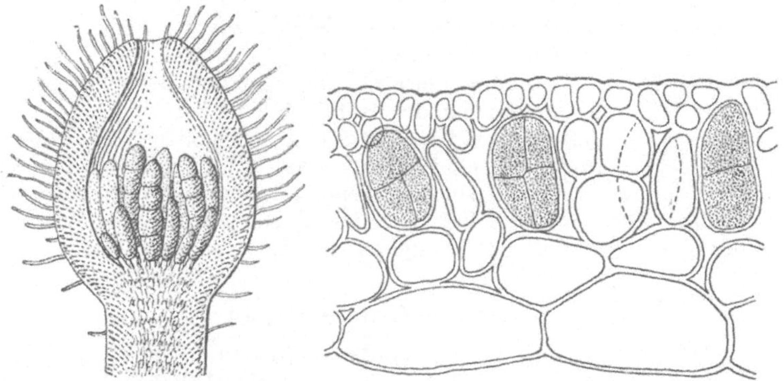

Fig. k. Corallina. Conceptakel mit Tetrasporangien.

Fig. l. Tetrasporangien von Chrysymenia, in der Außenrinde.

Ungeschlechtliche Fortpflanzung durch Tetrasporen. Für die Rhodophyceae charakteristisch ist die ungeschlechtliche Fortpflanzung durch Vierlingssporen, die im Tetrasporangium sich bilden. Die Mutterzelle ist inhaltsreich, ihr Inhalt zerfällt in 4 Teile, die als Tetrasporen austreten. Die Teilung kann dabei quer zur Längsachse statt inden, so daß die Sporen übereinander liegen (Fig. k) oder sie kann kreuzförmig (Fig. l) oder endlich tetraedrisch sein (Fig. c). Die Stellung der Sporangien am Sproß ist sehr verschieden. Bei den fadenförmigen Algen (vgl. Fig. c für Callithamnium) sind sie meist am Sproß zerstreut, sitzend oder an kurzen Zweiglein endständig. Bei den Gigartinaceae, bei Chrysymenia (Fig. l), Gracilaria und Gattungen verschiedener Verwandtschaftskreise sind sie, der Außen-

rinde eingelagert, über den Sproß zerstreut. Bei andern Gattungen
sind sie auf bestimmte Teile des Sprosses beschränkt, so etwa bei
Furcellaria, wo sie sich in den spindelförmig verdickten Zweigenden finden. Noch auffallender ist dies bei der Ausbildung von
Sporangien - Nemathezien. So bezeichnet man Hervorwölbungen
aus dem Sproß, die von zahlreichen strahlig gestellten,
Sporangien produzierenden Zellreihen gebildet
werden; solche sind z. B. bei Phyllophora oder
Peyssonnelia zu finden. Endlich kann die Sporangienbildung auch auf kleine Zweige beschränkt
sein, die zu diesem Behuf modifiziert sind und als
Stichidien bezeichnet werden. Bei den Rhodomelaceae z. B. haben wir sowohl Sporangienbildung
in gewöhnlichen Ästen als auch bei einer Reihe von
Gattungen in ausgeprägten Stichidien; Stichidien
werden z. B. auch bei Plocamium ausgebildet (Fig. m).

Fig. m.
Plocamium.
Stichidien mit
Tetra-
sporangien
(diese durch
die schwarzen
Punkte an-
gedeutet).

Statt der Tetrasporen können auch Monosporen
vorhanden sein, bei denen also der ganze Inhalt
der Mutterzelle ohne Teilung zur Spore wird, z. B.
bei Chantransia.

Anhangsweise sei hier bei der Betrachtung der
Fortpflanzung der Rotalgen noch auf die Bangiaceen
verwiesen, über die sich im speziellen Text näheres
findet; es ist von Interesse, daß hier sich die ersten
Anfänge einer Trichogyn-Bildung zeigen, indem zuweilen von der
weiblichen Zelle längere fadenförmige Fortsätze gebildet werden,
an die sich wie an die Trichogynen die Spermatien ansetzen.

5. Generationswechsel.

Für eine Reihe von Formen wurde erwiesen, daß eine Geschlechtsgeneration (Gametophyt) und eine ungeschlechtliche Generation
(Sporophyt) regelmäßig miteinander abwechseln, daß die eine aus
der anderen hervorgeht. So haben wir z. B. Pflanzen mit Gametangien
(plurilokulären Sporangien) und solche mit Zoosporangien (unilokulären Sporangien) bei Zanardinia. Die Kerne in den Zellen
der letzteren besitzen 44 Chromosomen. Bei der Bildung der Zoosporen (Schwärmer) findet eine Reduktionsteilung statt; die Zoosporen selbst haben dann 22 Chromosomen. Aus ihnen erwachsen
Geschlechtspflanzen; deren Zellen, auch die männlichen und weiblichen Gameten, haben Kerne mit 22 Chromosomen. Bei der Vereinigung der Gameten entsteht eine Zelle mit 44 Chromosomen. Aus
dieser erwächst eine ungeschlechtliche Pflanze, deren Kerne 44 Chromosomen bis zur Reduktionsteilung haben. So geht der Wechsel
zwischen geschlechtlicher und ungeschlechtlicher Generation weiter.
Bei Dictyota hat die Tetrasporen-Pflanze 32 Chromosomen in den
Zellkernen; bei der Bildung der Tetrasporen findet die Reduktions-

teilung statt; die aus den Tetrasporen erwachsende Geschlechtsgeneration hat, ebenso wie die Tetraspore selbst, 16 Chromosomen. Bei der Befruchtung wird dann die Zahl wieder verdoppelt. Bei Cutleria-Aglaozonia sind die beiden Generationen auch im Habitus beträchtlich verschieden. Aglaozonia ist die ungeschlechtliche Pflanze, ihre Zellen haben Kerne mit 48 Chromosomen; die Zoosporen haben dann nach der Reduktionsteilung 24 Chromosomen, ebenso wie die Zellen der aus ihnen erwachsenden Geschlechtspflanze, der Cutleria, die die Gametangien hervorbringt.

Der gleiche Wechsel zwischen Gametophyten und Sporophyten ist auch neuerdings für einige Gattungen der Florideen, z. B. Polysiphonia festgestellt worden. Der Sporophyt ist die Pflanze mit Tetrasporen, der Gametophyt die Pflanze mit den Karpogonen und Cystokarpien. Betreffs der Ausdehnung dieser Befunde auf die ganze Gruppe der Rotalgen ist zu bemerken, daß bei Helminthocladiaceen-Gattungen wie z. B. Batrachospermum keine Tetrasporen bekannt sind. Die ältere Auffassung des Generationswechsels bei den Rotalgen ist die, daß der Sporophyt in den Aussprossungen des Karpogons bis zur Bildung der Karposporen gegeben ist, der Gametophyt in der die Karpogone und Antheridien tragenden Pflanze. Die Tetrasporangien stellen dann eine Nebenfruchtform dar, die nicht zum regelmäßigen Generationswechsel gehört.

6. Über das Sammeln und Bearbeiten der Meeresalgen.

Meeresalgen sind leicht überall an der Küste zu sammeln; schon im Kapitel über ihre Verbreitung haben wir ihre hauptsächlichsten Standorte kennen gelernt. Besonders günstig ist die Ebbezeit an der Nordsee, wenn weithin das Gelände von Wasser entblößt ist und viele Algen frei liegen. Der Algen im flachen Wasser wird man also leicht habhaft werden. Bei etwas größerer Tiefe hilft ein harkenähnlicher Kratzer, mit dem man die Algen von ihrem Standort losreißen kann. Auch in ausgeworfenen Tangmengen können viele Formen dieser Region aufgesucht werden. Zur Erlangung der Algen aus größeren Tiefen wird vorzüglich ein Schleppnetz, die Dredsche, vom Boot oder vom kleinen Dampfer aus angewandt; diese umständlichere Sammelmethode ist nun nicht jedermanns Sache, besonders wird eine Dredsche dem Anfänger nicht oft zur Verfügung stehen; ich unterlasse daher ihre nähere Beschreibung; wer Gelegenheit hat, sich ihrer, etwa an den botanischen Stationen, zu bedienen, wird sie dort leicht im Gebrauch kennen lernen. Das gesammelte Material wird zu Hause im süßen Wasser aufgeschwemmt und sortiert; am besten wird man die Algen im Eimer mitnehmen, sie halten sich aber auch längere Zeit frisch, wenn man sie in größerer Menge in Wachstuch einschlägt und so transportiert.

Zwecks Anlegung eines Herbars getrockneter Meeresalgen spült man das einzelne Exemplar gut in Süßwasser ab, dann breitet man es in einer flachen Schüssel mit Wasser gut aus, und führt einen Bogen weißen Papiers darunter hindurch. Hierauf wird der Bogen mit der darauf liegenden Alge aus dem Wasser vorsichtig herausgehoben, wobei man mit einer Nadel oder einem Pinsel die Zweige auseinanderbreitet. Dann wird das Exemplar zwischen Fließpapier getrocknet; damit es nicht am Fließpapier festsitzt, kann man es erst ein wenig an der Luft austrocknen oder mit einem Stück Seidenzeug usw. bedecken. Viele Algen haften infolge ihres Schleimgehaltes fest am Papier, andere härterer Konsistenz wird man wie phanerogame Herbarpflanzen mit Streifen ankleben. Die Standortsangaben müssen ausführlich gemacht werden: Datum des Einsammelns, der Boden, die Farbe der Alge, die Häufigkeit ihres Vorkommens, die Tiefe, in der sie wuchs.

Die Bestimmung wird am besten an frischem Material vorgenommen, die getrockneten Exemplare lassen vielfach charakteristische Einzelheiten der Innenstruktur und der Fortpflanzungsorgane auch nach Erweichen in warmem Wasser nicht mehr gut studieren. (Für zartere, am Papier anhaftende Algen ist es vorteilhaft, kleine Stücke, die man nach Befeuchtung losgelöst hat, mit etwas Eau de Javelle oder auch mit Ammoniak zu behandeln.) Ist eine Bestimmung nach frischem Material nicht möglich, so läßt sich dieses durch in Flüssigkeit konserviertes Material ersetzen. Zur Konservierung ist zu empfehlen eine 4 proz. Lösung von Formalin (das käufliche 40 proz. Formalin 10 fach in Meerwasser verdünnt); doch ist es nicht ratsam, die Algen dauernd, etwa jahrelang in Formalin zu belassen, es ist vorteilhafter, sie für dauerndes Aufbewahren in ca. 70 proz. Alkohol zu übertragen (bzw. allmählich starken Alkohol der Formalinlösung zuzusetzen). In diesem schrumpfen die Algen zusammen. Zur mikroskopischen Untersuchung sind sie daher dann in sehr verdünntes Glyzerin zu übertragen, das allmählich durch stärkeres Glyzerin zu ersetzen ist (dies kann auch durch langsames Verdunsten des Wassers erreicht werden). Im Glyzerin können auch die mikroskopischen Präparate unter dem Deckglas dauernd aufbewahrt werden; der Luftabschluß wird durch einen Lackrand um das Deckglas herum erreicht.

Für feinere mikroskopische Untersuchungen ist es nötig, das frische lebende Material in geeigneten Lösungen abzutöten, so daß die Plasmastruktur erhalten bleibt, man wird das Material „fixieren“. Es ist nicht nötig, hierbei für die Meeresalgen besondere Methoden anzugeben, sie sind dieselben, wie sie für die Phanerogamen gebraucht werden; das gilt auch für Färbung und Zerlegung in Schnitte durch das Mikrotom; für derartige Untersuchungen wird man in Strasburgers mikroskopischem Praktikum die geeignete Anweisung finden.

Bei verkalkten Algen ist der Kalk aus den Geweben mittels stark verdünnter Salpetersäure zu entfernen.

Durch Formalin oder Alkohol verlieren die Algen meist ihre Farbe, besonders in Glyzerin werden sie dann so durchsichtig, daß

Wände und Inhalt sich wenig abheben. Neben den gebräuchlichen Färbungsmitteln, wie Hämatoxylin-Lösung usw., wendet man für gewöhnliche Untersuchung zur Bestimmung usw. mit großem Vorteil eine Jodlösung an, die Wände und Plasmainhalt gut bräunlich färbt. Die Jodlösung kann auch mit Glyzerin gemischt werden, so daß die Algen direkt auf dem Objektträger mit dieser Mischung gefärbt werden können. Allerdings hält sich die Färbung nicht lange, so daß sie nicht für eingeschlossene Dauerpräparate geeignet ist.

Viele zarte, fadenförmige Algen kann man direkt ohne weitere Behandlung unter dem Mikroskop untersuchen, etwa eine Art von Ectocarpus, Chantransia, Callithamnium. Man erkennt am Präparat ohne weiteres den Aufbau der Fäden, Zellinhalt, Sporangien usw. Bei anderen Arten von weicher, schleimiger Konsistenz lassen sich durch einen Druck auf das Deckglas Quetschpräparate herstellen, die von großer Übersichtlichkeit sind, etwa bei Batrachospermum, Nemalion usw. In anderen Fällen, bei dickeren Algen härterer Konsistenz, muß man zur Erkennung des inneren Baues, der Cystokarpien usw. für die mikroskopische Untersuchung dünne Schnitte durch diese Teile anfertigen. Will man nicht die oben erwähnten komplizierteren Methoden der Einbettung in Paraffin und des Schneidens mittels eines Mikrotoms zur Anwendung bringen, so bedient man sich eines scharfen Rasiermessers. Man kann kleine Stücke der Alge zwischen Hollundermark einklemmen und so mit diesem schneiden; oder die zu schneidenden Stücke werden auf einem Stück Kork in einen Tropfen Gummi gebracht, der mit Glyzerin gemischt ist; nach allmählichem Erhärten erhält die Einbettungsmasse eine schnittfähige Konsistenz. Besser noch ist ein Einbetten in Celloidin; man nimmt eine dünnere Lösung von Celloidin in Äther und läßt den Äther ganz langsam verdunsten, indem man die Lösung mit dem zu untersuchenden Stückchen in eine kleine Flasche bringt und deren Kork ein wenig lockert. Das Objekt muß vorher in schwächerem, dann zur Entwässerung in absolutem Alkohol gelegen haben, ehe man es in das Celloidin bringt. Hat die Lösung des Celloidins etwa sirupartige Konsistenz, so bringt man sie mit der Alge in ein kleines Papierkästchen, das man sich selbst leicht herstellen kann, und läßt an der Luft den Äther noch weiter verdunsten. Nach einiger Zeit bringt man dann das Kästchen in 85 proz. Alkohol. Dann gewinnt das Celloidin im Laufe einiger Stunden eine·derartige Konsistenz, daß man es mit der eingebetteten Alge vorzüglich schneiden kann. Das Celloidin braucht nicht entfernt zu werden (was man durch Äther erreichen kann), man kann die Schnitte so, wie sie sind, in Glyzerin bringen und auch färben, da das Celloidin die meisten Farbstoffe nur schwach annimmt. Es ist Sache einiger Übung, die richtige Konsistenz der Lösung durch Verdunstung des Äthers abzupassen. Die Blöcke des Celloidins können auch in Alkohol oder Glyzerin aufbewahrt werden. Ich will bemerken, daß sich bei dieser einfachen

Anwendung der Celloidin-Methode nicht wie bei der Einbettung in Paraffin eine völlige Durchdringung des Stückes mit Celloidin erreichen läßt, doch ist sie für Untersuchungen zur Bestimmung usw. durchaus ausreichend.

7. Wichtigste Literatur.

Engler, A., und Prantl, K., Die natürlichen Pflanzenfamilien. I. 2. Phaeophyceae, Dictyotales von F. R. Kjellman; Rhodophyceae von Fr. Schmitz und P. Hauptfleisch (Leipzig 1897). Nachträge dazu von F. R. Kjellman und N. Svedelius (1910—1911).

Oltmanns, F., Morphologie und Biologie der Algen. Jena. I (1904), II (1905).

de Toni, J. B., Sylloge Algarum III. Fucoideae (Padua 1895); IV. Florideae 1—4 (Padua 1897—1905).

Hauck, F., Die Meeresalgen Deutschlands und Österreichs, in Rabenhorst, Krypt.-Flora II (Leipzig 1885).

Reinke, J., Algenflora der westlichen Ostsee deutschen Anteils. Aus dem VI. Ber. Komm. Unters. D. Meere (Kiel 1889).

— Atlas deutscher Meeresalgen 1., 2. Heft (Berlin 1889, 1892).

Reinbold, Th., Die Rhodophyceen (Florideen) [Rothtange] der Kieler Föhrde, in Schr. Naturw. Verein Schleswig-Holstein IX.

— Die Phaeophyceen (Brauntange) der Kieler Föhrde, ebenda X (1893).

Kuckuck, P., Bemerkungen zur marinen Algenvegetation von Helgoland, in Wissenschaftl. Meeresuntersuchungen, herausgeg. v. d. Komm. z. Unters. der deutschen Meere und der Biol. Anst. auf Helgoland. Neue Folge (Kiel und Leipzig).

— Beiträge zur Kenntnis der Meeresalgen, 1—12. Ebenda (1897 bis 1912).

— Der Strandwanderer (München 1905).

Lakowitz, Die Algenflora der Danziger Bucht. Danzig 1907.

Strasburger, E., Das Botanische Practicum (Jena, 5. Aufl., 1915).

8. Die Einteilung der Braun- und Rotalgen.
Übersicht über die Gruppen.
[Vgl. Die Algen, II. Abt., S. (22).]

VIII. Klasse: **Phaeophyceae.**

Allermeist Meeresbewohner, hell- bis dunkelbraun oder olivfarben, von sehr verschiedener Größe und Gestaltung; Fortpflanzung geschlechtlich oder ungeschlechtlich; Schwärmer (bzw. Gameten) mit 2 seitlichen Cilien; sehr selten unbewegliche Monosporen.

IX. Klasse: **Dictyotales.**

Meeresbewohner, hell- bis dunkelbraun oder olivfarben; ungeschlechtliche Fortpflanzung durch Tetrasporen; geschlechtliche Fortpflanzung durch Oogonien und Antheridien.

X. Klasse: **Bangiales.**

Meist Meeresbewohner, rot bis purpurfarbig oder blaurot bis blaugrün, fadenförmig oder blattartig flach; ungeschlechtliche Fortpflanzung durch unbewegliche Monosporen; geschlechtliche Fortpflanzung durch Spermatien und Oogonien.

XI. Klasse: **Rhodophyceae** (Florideae).

Meist Meeresbewohner, rot oder bräunlich bis dunkelbraun, selten grünlich, von sehr verschiedener Gestaltung; ungeschlechtliche Fortpflanzung durch Tetrasporen; geschlechtliche Fortpflanzung durch Spermatien und Karpogone; die befruchteten Karpogone entwickeln Büschel von Fäden (Gonimoblaste), deren Zellen zu Karposporen werden, oder sie entwickeln Ooblastemfäden, die sich mit Auxiliarzellen vereinigen, aus denen dann die Gonimoblaste entstehen.

Bestimmungstabelle der Gattungen der Phaeophyceae
und Rhodophyceae.

Im folgenden ist versucht worden, einen Schlüssel der Gattungen der braunen und roten Algen zu entwerfen, der möglichst leicht auffindbare Merkmale berücksichtigt; er ergibt somit keine natürliche Einteilung nach den verwandtschaftlichen Beziehungen, wie sie in der folgenden Aufzählung der Gattungen bei den einzelnen Familien zugrunde gelegt wurden; wo der Schlüssel zu einer ganzen Gruppe von Gattungen führt, die zu einer Familie gehören (z. B. Sphacelariaceae), ist für die weitere Einteilung auf den Schlüssel bei der betr. Familie zu verweisen. Hinter jeder Gattung oder Gattungsgruppe ist die Seite bemerkt, auf der sie beschrieben ist. Zu den Dictyotales und Bangiales gehört nur je eine Familie.

Phaeophyceae.

A. Sporangien oberflächlich am Sproß gebildet oder durch Umwandlung einzelner Sproßzellen entstehend, unilokulär oder plurilokulär; Monosporangien bei den Tilopteridaceae.
   a) Algen von Krusten-, Scheiben- oder Polsterform.
      α) Die Krusten oder Polster von ansehnlicherer Größe, bis über 10 cm im Durchmesser, stets über 1 cm erreichend; Zellfäden verbunden.
         I. Krusten am Rande gefranst, in monosiphone Fäden aufgelöst; Adriatisches Meer.   **Zanardinia** (S. 34)
         II. Krusten nicht gefranst.

1. Unilokuläre Sporangien in fleckenförmigen Sori, mit 1—7zelligem Stiel; ungeschlechtliche Generation zu Cutleria.   **Aglaozonia** (S. 34)
2. Unilokuläre Sporangien am untern Teil kurzer Zellfäden, die in Gruppen stehen; Chromatophoren einzeln, plattenförmig.   **Ralfsia** (S. 30)
3. Unilokuläre Sporangien durch Umwandlung von Oberflächenzellen gebildet; Chromatophoren klein, scheibenförmig, zahlreich.   **Lithoderma** (S. 32)

β) Scheiben, Krusten oder Polster klein, stets unter 1 cm Durchmesser; sind freie, aufrechte, nicht ± verbundene Zellfäden vorhanden, so tritt deren Entwickelung gegen die Basalscheibe zurück.

I. Polsterbildend; Assimilationsfäden entspringen einem markartigen Gewebekörper.
Myriactis, Cylindrocarpus, Leathesia z. T.   (S. 26)

II. Basaler Teil des Vegetationskörpers aus kriechenden Fäden gebildet oder nur kriechende Fäden vorhanden.
1. Nur kriechende Fäden vorhanden.
   * Schwärmer einzeln aus dem Inhalt einer vegetativen Zelle gebildet.   **Mikrosyphar** (S. 2)
   ** Schwärmer zu mehreren im Sporangium.
      † Zellfäden endophytisch und epiphytisch an gallertigen Phaeosporeen und Florideen, reich verzweigt.
      Streblonema (S. 2)
      †† Zellfäden auf Zostera, zerstreut verzweigt, öfters zu einer kleinen Scheibe zusammenschließend.
      Phaeostroma (S. 12)
2. Neben den kriechenden Fäden kurze Assimilationsfäden vorhanden.   **Ulonema** (S. 25)

III. Basaler Teil des Vegetationskörpers aus einer Zellscheibe gebildet.
1. Basalscheibe 1schichtig; über diese erheben sich nur plurilokuläre Sporangien und 1zellige Paraphysen.
      Ascocyclus (S. 6)
2. Krustenförmig, aus der Basalscheibe entwickeln sich kurze, fest verbundene Fäden, Sporangien aus den Oberflächenzellen.   **Sorapion** (S. 32)
3. Basalscheibe 1—2schichtig; aus ihr erheben sich ± dicht gestellte, aber nicht parenchymatisch verbunden Assimilatïonsfäden.
   * Sporangien seitlich an den Assimilationsfäden.
      Compsonema, Microspongium(S. 25)
   ** Sporangien endständig.
      † Assimilationsfäden sehr kurz, ± keulig.
         △ Sporangien aus den Endzellen der Fäden gebildet.   **Symphyocarpus** (S. 12)

△△ Sporangien kurz gestielt der Basalscheibe aufsitzend. **Myrionema** (S. 25)

†† Assimilationsfäden nicht keulig, Sporangien aus den Endzellen der Fäden gebildet. **Petroderma** (S. 32)

IV. Die Zellfäden bilden im unteren Teil ein polsterförmiges Lager, über das sich unverzweigte Assimilationsfäden erheben. **Elachista** (S. 21)

b) Algen kugelig oder zylindrisch bis strangförmig oder unregelmäßig gelappt, oft hohl, nicht oder schwach verzweigt.

α) Sproß rundlich unregelmäßig gelappt, hohl.

I. 1—15·mm im Durchmesser. **Leathesia difformis** (S. 26)

II. Kugelig. blasenförmig, bis faustgroß; Adriatisches Meer. **Colpomenia** (S. 12)

β) Sproß aufrecht.

I. Unilokuläre Sporangien eingesenkt, Sproß röhrenförmig bis darmförmig, öfters spärlich verzweigt. **Gobia** (S. 18)

II. Unilokuläre Sporangien nicht eingesenkt.

1. Sproß zylindrisch, hohl, gliederartig eingeschnürt, bis $\frac{1}{2}$ m lang, bis 10 mm dick. **Scytosiphon** (S. 14)

2. Sproß röhrenförmig, schmal, 5—8 cm hoch, bis 1,5 mm dick. **Delamerea** (S. 15)

3. Sproß zylindrisch, schlauchartig, bis $\frac{1}{2}$ m lang. **Asperococcus** z. Th. (S. 13)

4. Sproß strangförmig, hohl, gekammert, bis 3 m lang. **Chorda** (S. 31)

c) Sproß bandartig bis blattartig oder fächerförmig.

α) Sproß von großen Dimensionen, in Stiel und blattartige Fläche gegliedert, bis mehrere Meter lang. **Laminaria** (S. 31)

β) Sproß kleiner.

I. Sproß fächerförmig, $\pm$ eingeschlitzt oder dichotomisch gespalten. **Cutleria** (S. 34)

II. Sproß bandartig bis blattartig.
Punctaria, Desmotrichum, Phyllitis, Asperococcus compressus. (Die Unterschiede der Gattungen siehe bei Encoeliaceae.) (S. 11)

d) Sprosse monosiphon, aufrecht, einzeln oder büschelig wachsend, keine polster- oder krustenförmige Lager bildend.

α) Monosporangien erzeugen unbewegliche Monosporen; Adriatisches Meer. **Haplospora** z. T. (S. 36)

β) Nur bewegliche Sporen vorhanden.

I. Im süßen Wasser. **Pleurocladia** (S. 5)

II. Im salzigen Wasser oder Brackwasser.

1. Sproß mit einer Scheitelzelle wachsend; Adriatisches
Meer.   **Choristocarpus, Discosporangium** (S. 7)
2. Sproß durch interkalare Zellteilung wachsend.
* Niederliegende Fäden ausläuferartig Sprosse bildend;
1 mm hoch   **Symphoricoccus** (S. 21)
** Keine ausläuferartigen Sprosse.
† Unilokuläre und plurilokuläre Sporangien seit-
lich an Zellfäden, sitzend oder mit kurzem Stiel.
Ectocarpus (S. 3)
†† Sporangien beiderlei Art durch Umbildung von
Fadenzellen entstehend.
Pylayella (S. 2)
††† Plurilokuläre Sporangien an den Fäden krusten-
förmige Anhäufungen bildend.
Halothrix (S. 21)
†††† Unilokuläre Sporangien dicht über dem Grunde
der Sproßfäden, sitzend oder kurz gestielt,
plurilokuläre durch Umbildung einer Fadenzelle
entstehend.   **Leptonema** (S. 21)
††††† Sporangien beiderlei Art zu ringförmigen Gürteln
oder $\pm$ ausgedehnten Sori vereinigt.
Myriotrichia (S. 18)
ß) Sprosse fadenförmig, nicht monosiphon (wenigstens unten
nicht), im übrigen von sehr verschiedenem Aufbau.
α) Sprosse mit auffallender, großer Scheitelzelle, die zuerst
Querwände bildet, dann finden Längsteilungen statt.
Sphacelariaceae (S. 7) (exkl. S p h a c e l o d e r m a; die
Unterschiede der Gattungen siehe bei der Familie).
β) Sprosse ohne auffallende Scheitelzelle.
I. Sprosse mit zierlichen Haarbüscheln.
1. Haarbüschel an den Zweigspitzen; Adriatisches Meer.
Nereia, Sporochnus (S. 28)
2. Haarbüschel an den Langtrieben; nach ihrem Abfall
die Alge kurz gestachelt erscheinend; Nordsee, Ostsee.
Desmarestia (S. 17)
II. Sprosse ohne solche Haarbüschel.
1. Monosporangien erzeugen unbewegliche Monosporen.
Tilopteris, Haplospora z. T. (S. 36)
2. Nur bewegliche Sporen vorhanden.
* Sporangien aus Rindenzellen gebildet.
† Sporangien der Rinde eingesenkt.
Dictyosiphon (S. 18)
†† Sporangien nicht eingesenkt.
Striaria, Kjellmania, Stictyosiphon (S. 16)
** Sporangien seitlich an Zellfäden.
† Plurilokuläre Sporangien zweierlei Art, entweder
eiförmig, stellenweise in dichten Gruppen an den

polysiphonen Teilen des Sprosses, oder länglich bis lanzettlich, büschelig gestellt, an kurzen Ästchen am Grunde der Fäden: klein.

Giraudia (S. 20)

†† Plurilokuläre Sporangien einförmig.

§ Sporangien seitlich oder am Grunde von Assimilationsfäden.

Chordaria, Cladosiphon, Liebmannia, Mesogloia, Castagnea (S. 23—24)

§§ Sporangien an kurzen sekundären aus der Rinde gebildeten Zellfäden.

△ Längenwachstum des Sprosses aus der Scheitelzelle. **Spermatochnus** (S. 28)

△△ Längenwachstum des Sprosses durch Teilung von unterhalb der Scheitelzelle gelegenen Zellen. **Stilophora, Halorhiza** (S. 27)

B. Fortpflanzungsorgane (Oogonien und Antheridien) in flaschenförmigen Vertiefungen (Conceptakeln, Scaphidien) der Sproßoberfläche eingesenkt. **Fucaceae** (S. 37)

Rhodophyceae.

A. Süßwasseralgen.

a) Krustenförmig. **Hildenbrandia** z. T. (S. 112)

b) Aufrecht.

α) Sproß weich und schlüpfrig.

I. Sproß mit Zentralachse. **Batrachospermum** (S. 49)

II. Zentralkörper aus Längsfäden. **Thorea** (S. 45)

β) Sproß hart, fadenförmig, knotig verdickt.

Lemanea (S. 46)

B. Algen des Salzwassers oder des Brackwassers.

a) Parasiten mit reduziertem Vegetationskörper.

α) Auf Rhodomela (Ostsee, Nordsee).

Harveyella (S. 55)

β) Auf Phyllophora (Ostsee) **Actinococcus** (S. 56)

γ) Auf Laurencia (Adriatisches Meer).

I. Polsterförmig. **Janczewskia** (S. 76)

II. Birnförmig, oben mit langen dünnen Fadenwimpern.

Ricardia (S. 72)

b) Nicht parasitisch lebend.

α) Sproß mit Kalk inkrustiert.

I. Sproß aufrecht, nur in der Rindenschicht verkalkt.

Liagora (S. 50)

II. Sproß krustenförmig, Sporangien und Cystokarpien in Nemathezien. **Peyssonnelia** z. T. (S. 108)

III. Sproß krustenförm g oder aufrecht zylindrisch und verzweigt, dann oft durch unverkalkte Gelenke gegliedert,

Cystokarpien in Conceptakeln, Sporangien in Sori oder Conceptakeln.   **Corallinaceae** (S. 112)

β) Sproß unverkalkt.

  I. Sproß krustenförmig oder kriechend ausgebreitet.

    1. Mit Zentralachse nahe der Bauchseite.
        Rhizophyllis, Contarinia (S. 107)

    2. Nicht mit Zentralachse.

      * Sporangien in urnenförmigen Conceptakeln.
        Hildenbrandia (S. 112)

    ** Sporangien in Gruppen oder Nemathezien.
        Squamariaceae (S. 108)

 II. Sproß nicht krustenförmig.

    1. Sproß deutlich eingeschnürt gegliedert oder an den Zweigen mit Blasen oder röhrig hohl.

      * Sproß mit blasenförmigen Zweiglein.
        Chrysymenia z. T. (S. 65)

    ** Sproß mit ± regelmäßigen Einschnürungen oder stellenweis zusammengezogen.

      † Sporangien quergeteilt.   **Catenella** (S. 60)

      †† Sporangien tetraedrisch geteilt.
    Champia, Lomentaria, Gastroclonium, Chylocladia
      (vgl. Rhodymeniaceae) (S. 64)

    *** Sproß hohl.

      † Cystokarpien vorspringend.
        Chrysymenia z. T. (S. 65)

      †† Cystokarpien nicht oder kaum vorspringend, in der Rinde.

        △ Schwach verzweigt, Zweige geißelförmig verlängert.   **Dumontia** (S. 104)

        △△ Reichlich seitlich verzweigt.
        Gloiosiphonia (S. 103)

        △△△ Sproß gabelig zusammengesetzt.
        Halymenia z. T. (S. 102)

    2. Sproß weder eingeschnürt gegliedert noch hohl.

      * Sproß durchaus monosiphon oder wenigstens nach oben zu monosiphon, zart.

      † Mit Monosporangien.   **Chantransia** (S. 48)

      †† Keine Monosporangien (meist Tetrasporangien, vgl. aber Seirospora u. Pleonosporium).
    Ceramiaceae, Gattung 1—12, 17—19 (S. 87)

    ** Sproß mit Rindenringen an den Knoten der Zentralachse oder von den Knoten aus ganz berindet; Cystokarpien außen ansitzend, ohne Fruchtwandung.
    Ceramium, Ceramothamnium, Spyridia (vgl. Ceramiaceae Gattung 14—16). (S. 87)

    *** Sproß mit deutlicher Zentralachse.

† Zentralachse von Perizentralen in bestimmter Zahl umgeben (außerdem nackt oder ± berindet); Cystokarpien eiförmig bis fast kugelig, dem Sproß außen aufsitzend.
(**Rhodomelaceae** exkl. Laurencia, Janczewskia, Dasyopsis) (S. 73)
†† Zentralachse nicht von Perizentralen in bestimmter Zahl umgeben.
△ Sproß gallertig schlüpfrig bis gallertig häutig oder schlaff.
§ Sproß zweizeilig fiederartig verzweigt.
Bonnemaisonia (S. 72)
§§ Sproß nicht fiederartig verzweigt.
X Cystokarp an kleinen Zweigen endständig.
Wrangelia (S. 53)
XX Cystokarp an Zweiglein Anschwellungen bildend.   **Naccaria** (S. 53)
XXX Cystokarp klein in der Rinde eingeschlossen.
Dudresnaya (S. 104)
△ Sproß aufrecht, hart.
§ Sporangien in Stichidien.
Dasyopsis (S. 86)
§§ Sporangien nicht in Stichidien.
X Sproß abgeflacht, fiederartig verzweigt, Sporangien tetraedrisch geteilt.
Ptilota (S. 96)
XX Sproß stielrund, Sporangien quergeteilt, in der Rinde.   **Caulacanthus** (S. 54)
**** Sproß mit einem Bündel längsverlaufender locker oder dicht gestellter Markfäden, mit Berindung.
† Sproß gallertig schlüpfrig bis gallertig häutig, weich.
△ Sproß stielrund.
§ Sproß gabelig gleichhoch reichlich verzweigt.
Scinaia (S. 52)
§§ Sproß ungeteilt oder schwach gabelig geteilt, sehr schlüpfrig.   **Nemalion** (S. 50)
§§§ Sproß seitlich verzweigt, schlüpfrig.
Helminthora, Helminthocladia (S. 50)
△△ Sproß abgeflacht.
§ Sproß unregelmäßig gabelig eingeschnitten.
Platoma (S. 106)
§§ Sproß bandförmig bis blattförmig, eingeschnitten.   **Halarachnion** (S. 106)
§§§ Sproß fiederartig zusammengesetzt.
Halymenia (S. 102)

§§§§ Sproß schmal, proliferierend seitlich ver-
zweigt.   **Grateloupia** (S. 102)
†† Sproß härter.
△ Sproß gabelig verzweigt, schmal.
§ Sproß stielrund.
× Sproß mit Wurzelfasern befestigt, Spo-
rangien in spindelförmig verdickten Zweig-
enden.   **Furcellaria** (S. 105)
×× Sproß aus einer Haftscheibe entspringend,
Sporangien in der Rinde.
Polyides (S. 107)
§§ Sproß abgeflacht.
× Cystokarpien vorspringend, über den Sproß
zerstreut.   **Chondrus** (S. 56)
×× Cystokarpien nicht vorspringend.
Φ Sporangien zerstreut.
Nemastoma (S. 106)
ΦΦ Sporangien in Gruppen.
Acrodiscus (S. 102)
△△ Sproß seitlich verzweigt, schmal.
§ Sproß stielrund, Fruchtkern ohne Faserhülle.
Cystoclonium (S. 60)
§§ Sproß stielrund bis abgeflacht, Fruchtkern mit
Faserhülle.   **Gigartina** (S. 57)
△△△ Sproß oder Zweige nach oben zu blattartig ver-
breitert.
§ Cystokarpien abgeflacht hervorragend.
Callymenia (S. 58)
§§ Cystokarpien nicht hervorragend.
× Sproß stielrund, verzweigt, Zweige nach oben
blattartig mit nierenförmiger Spreite.
Neurocaulon (S. 105)
×× Sproß nach oben zu blattartig, mit Mittel-
rippe, aus dieser proliferierend neue Blätter.
Cryptonemia (S. 101)
***** Sproß von zelligem, parenchymartigem Aufbau, ohne
deutliche Zentralachse (oder diese nur an der Spitze
deutlicher) oder ohne Bündel von Markfäden.
† Sproß stark abgeflacht bis blattartig flach.
△ Sporangien quergeteilt.
Rhodophyllis (S. 60)
△△ Sporangien kreuzförmig geteilt.
Rhodymenia (S. 66)
△△△ Sporangien tetraedrisch geteilt.
§ Cystokarpien an der Mittelrippe oder auf be-
sonderen Fruchtblättchen.
Delesseria (S. 70)

§§ Cystokarpien am Sproß zerstreut.
Nithophyllum (S. 71)
§§§ Cystokarpien am Rande, fast kugelig.
Gloiocladia (S. 66)
†† Sproß stielrund oder nur schmal abgeflacht.
Sproß sehr zäh und fest.
§ Sporangien kreuzförmig geteilt; Cystokarpien
meist 2fächerig vorspringend.
Gelidium (S. 54)
§§ Fortpflanzungsorgane unbekannt, vgl. bei
Gigartinaceae.
Gymnogongrus, Ahnfeltia (S. 59)
△△ Sprosse weniger zäh bis fleischig.
§ Zweige 2zeilig gefiedert, mit abwechselnden
Reihen von 2—5 Fiederchen.
Plocamium (S. 64)
§§ Sproß gabelig oder seitlich verzweigt.
Gracilaria, Sphaerococcus, Hypnea (vgl.
Sphaerococcaceae) (S. 62)

B. Systematischer Teil.

Abkürzungen:

Cystok.	= Cystokarp.	Sublit. Reg.	= Sublitorale Region.
Lit. Reg.	= Litorale Region.	u.	= und.
Pluril. Spor.	= Plurilokuläres Sporangium.	Unil. Spor.	= Unilokuläres Sporangium.

$\pm$ = mehr oder weniger.

VIII. Klasse: Phaeophyceae.

1. Familie: Ectocarpaceae.

Kleine oder sehr kleine Algen, häufig auf größeren Formen epiphytisch, selten mit der Basis im Gewebe anderer Algen entwickelt (endophytisch); die Basis des Vegetationskörpers wird meist von einem verzweigten, dem Substrat anliegenden Zellfaden gebildet, dem einreihige, verzweigte, aufrechte Zellfäden entspringen, die oft in farblose Haare ausgehen, selten ist die Basis eine Zellscheibe, selten sind die aufrechten Fäden $\pm$ oder ganz reduziert. Sprosse durch interkalare Zellteilung sich verlängernd (d. h. die Zellteilungen nicht auf die Endzelle, Scheitelzelle beschränkt, sondern auch im Faden stattfindend); unil. und pluril. Spor. (bzw. Gametangien).

Bestimmungstabelle der Gattungen.

A. Vegetationskörper am Grunde aus kriechenden verzweigten Zellfäden gebildet.
  a) Aufrechte Fäden fehlend oder ganz schwach entwickelt, Vegetationskörper ganz oder wesentlich nur aus kriechenden Fäden gebildet.
    α) Schwärmer einzeln aus dem ganzen Inhalt einer vegetativen Zelle gebildet. **1. Mikrosyphar.**
    β) Schwärmer zu mehreren in den Sporangien. **2. Streblonema.**
  b) Aufrechte Fäden entwickelt.
    α) Gattungen des Meeres oder Brackwassers.

I. Sporangien durch Umwandlung eines Fadengliedes gebildet.   **3. Pylayella.**

II. Sporangien durch die Ausstülpung eines Fadengliedes
gebildet.   **4. Ectocarpus.**

β) Im Süßwasser.   **5. Pleurocladia.**

B. Vegetationskörper am Grunde von einer 1—2-schichtigen Basalscheibe gebildet.

a) Sporangien von Paraphysen begleitet.   **6. Ascocyclus.**

b) Paraphysen fehlend.   **7. Phycocelis.**

1. Gattung: **Mikrosyphar** Kuckuck.

Mikroskopisch kleine epiphytische oder endophytische Algen,
von kriechenden, zerstreut verzweigten Fäden gebildet, Zellen meist
doppelt so lang wie breit, mit 1—3 plattenförmigen Chromatophoren;
Fortpflanzung durch Schwärmer, die einzeln aus dem ganzen Inhalt
einer vegetativen Zelle entstehen können, oder auch Sporangien
2—4-fächerig.   M. zosterae Kuckuck bildet mikroskopisch kleine
braune Anflüge auf abgestorbenen Zosterablättern, Kieler Bucht;
M. porphyrae Kuckuck bildet 1 mm im Durchmesser haltende
Flecken in der Membran von Porphyra, Helgoland; M. polysiphoniae Kuckuck desgl. in der Membran von Polysiphonia
urceolata, Helgoland.

2. Gattung: **Streblonema** Derb. et Sol.

Die mikroskopisch kleinen Algen bestehen der Hauptsache nach
aus epiphytisch oder endophytisch lebenden, reich verzweigten Zellfäden; über das Substrat erheben sich nur farblose Haare u. die
unil. sowie die pluril. Spor.

Einige Arten der Nord- u. Ostsee sowie des Adriatischen Meeres,
am weitesten verbreitet S. sphaericum (Derb. et Sol.) Thur.,
besonders in den Rindenfäden von Mesogloea u. Nemalion sowie
gallertartiger Phaeosporeen, ferner S. fasciculatum Thur.

3. Gattung: **Pylayella** Bory.

Ansehnlichere Formen, die Zellfäden reich verzweigt, rasig
wachsend; unil. u. pluril. Spor. interkalar im Zellfaden, d. h. aus
Umbildung von Fadenzellen entstanden u. oben u. unten an sterile
Zellen stoßend, seltener terminal, die unil. Spor. meist in Ketten
gereiht.

Die Fadenbüschel bis 30 cm hoch, dunkel- oder gelbbraun;
unil. Spor. ellipsoidisch oder scheibenförmig, pluril. zylindrisch;
Chromatophoren zahlreich scheibenförmig in den Zellen.   Die Art
wechselt nach Höhe u. Verzweigung der Fadenbüschel außerordentlich, die Büschel bei einigen Formen nur wenige cm hoch, die Zweige
vorwiegend gegenständig oder zerstreut. Nord- u. Ostsee, sehr ver-

breitet u. häufig, im flachen oder tieferen Wasser, an Muscheln, Steinen u. Pfahlwerk, auf größeren Algen (**Fucus**, **Chorda**), auch im Brackwasser. **P. litoralis (L.) Kjellm.**

4. Gattung: **Ectocarpus** Lyngb.

Vegetationskörper braun in verschiedenen Nuancen, Fadenbüschel bis 30 cm lang oder bedeutend niedriger, Zellfäden einreihig, ± verzweigt, Zweige oft in Haare ausgehend; Sporangien seitlich am Zellfaden entwickelt, sitzend oder mit ein- bis wenigzelligem Stiel, also vereinzelt an Stelle kurzer Seitenzweiglein stehend.

1. Größere, reich verzweigte Arten. 2.

 Kleine, bis ungefähr 1 cm hohe Arten, deren aufrechte Zellfäden nicht oder nur schwach verzweigt sind. 9.

2. Zellfäden locker, nicht zusammengedreht. 3.

 Zellfäden zu dichten Strängen verbunden, zusammengedreht; bis 10 cm hoch, dunkelbraun, büschelig, Fäden nur 10—12 μ dick, unregelmäßig verzweigt; pluril. Spor. sitzend oder kurz gestielt, länglich, unil. fast eiförmig, kurz gestielt; Chromatophoren gewunden, unverzweigt, 1—2 in der Zelle. Westl. Ostsee; Nordsee, Helgoland; lit. u. sublit. Reg., auf **Fucus vesiculosus**, **F. serratus**. **E. tomentosus (Huds.) Lyngb.**

3. Hauptäste ohne deutlich begrenzte Zweigbüschel. 4.

 Hauptäste mit deutlichen, ± scharf umgrenzten Zweigbüscheln; bis 10 cm hoch, rostbraun, ohne deutliche Hauptachse; Verzweigung anfangs seitlich, dann fast dichotom, Haare reich entwickelt; pluril. Spor. lang kegelförmig bis dick pfriemlich, bis 250 μ lang, am Grunde 20—30 μ dick, unil. ellipsoidisch-zusammengedrückt, 35—50 μ lang, 25—30 μ dick; Chromatophoren bandförmig, mehrfach verzweigt. Westl. Ostsee, an **Scytosiphon**, **Chordaria**, lit. Reg. **E. penicillatus Ag.**

4. Pluril. Spor. nie in Haare auslaufend. 5.

 Pluril. Spor. oft in ein langes Haar auslaufend, meist lang zylindrisch, 100—600 μ lang (Fig. 1); Fadenbüschel bis 30 cm lang, gelblich oder bräunlich; Verzweigung oben deutlich seitlich, unten pseudodichotom; unil. Spor. 30—60 μ lang, 20—27 μ dick, eiförmig (Fig. 2); Chromatophoren ± verzweigt. In der lit. u. sublit. Reg. der westl. u. östl. Ostsee häufig, an Steinen, Algen, **Zostera**, auch freischwimmend; auch im Adriatischen Meer. **E. siliculosus Dillw.**

5. Pluril. Spor. eiförmig oder eiförmig länglich. 6.

 Pluril. Spor. pfriemlich oder spulenförmig, 75—250 μ (meist 100 μ) lang; Fadenbüschel bis 10 cm lang (in Zwergformen auch sehr kurz), meist dunkelbraun; Verzweigung seitlich, Haare meist wenig entwickelt; Chromatophoren breit bandförmig, verzweigt; unil. Spor. fehlen. In der lit. Reg., an **Fucus**, Holz u. Steinen.

Westl. Ostsee; Nordsee, Helgoland; Adriatisches Meer (Fig. 3,
mit pluril. Spor.).   **E. confervoides** Roth

    Pluril. Spor. zylindrisch, von sehr wechselnder Länge (bis 250 μ),
aber sehr konstanter Dicke (10—15 μ), sitzend oder auf kürzerem
oder längerem Stiel; Fadenbüschel 5—7 cm lang, braun; Verzweigung pseudodichotom, meist nur die Sporangienäste deutlich seitlich; unil. Spor. fehlen. Westl. Ostsee, Kiel; Nordsee,
Helgoland, selten, in der sublit. Reg. an anderen Algen fest-
gewachsen.   **E. dasycarpus** Kuckuck

6. Pluril. Spor. an den Ästen $\pm$ gereiht.   7.

    Pluril. Spor. zerstreut.   8.

7. 4—12 cm hoch, Zellfäden 50—100 μ dick, reich abwechselnd verzweigt; pluril. Spor. eiförmig oder länglich eiförmig, sitzend, an
der inneren Seite der Zweige gereiht. Im Adriatischen Meere.
Var. **balticus** Reinke. Pluril. Spor. zu mehreren gereiht oder
mehr vereinzelt; Pflanze hellgelblich-braun, bis 10 cm hoch,
unregelmäßig seitlich verzweigt; Chromatophoren klein, linsenförmig. Westl. Ostsee, obere sublit. Reg., selten.
            E. Sandrianus Zanard.

    5—20 cm hoch, Verzweigung $\pm$ gegenständig, reich; Haupt-
äste verlängert, Äste kurz, weit abstehend; pluril. Spor. sitzend,
eiförmig oder oval, 60—70 μ lang, 40—60 μ breit, unil. fast
kugelig, sitzend. Nordsee, Helgoland, häufig; Adriatisches Meer;
an anderen Algen.   **E. granulosus** Ag.

8. 10—30 cm hoch, büschelig, Fäden reich verzweigt, Zweige in
Haare auslaufend; pluril. Spor. eiförmig-walzlich, sitzend, selten
kurz gestielt oder interkalar dem Zweige eingefügt; Chromatophoren kleine rundliche Scheiben. Nordsee, Helgoland, an
größeren Algen.   **E. Reinboldi** Reinke

    Bis 3 cm hoch, büschelig, unregelmäßig seitlich verzweigt,
Zweige in Haare auslaufend; pluril. Spor. eiförmig länglich, zerstreut u. einzeln, einfächerige rundlich eiförmig; Chromatophoren
klein, linsenförmig. Westl. Ostsee, auf Steinen, Muscheln, Algen,
in der sublit. Reg. selten.
            E. ovatus Kjellm. var. **arachnoideus** Reinke

9. Pluril. Spor. schmal, mehrmals länger als breit.   10.

    Pluril. Spor. breiter.   11.

10. Kleine dunkelbraune Rasen auf Fucus und Steinen bildend, bis
1,5 mm hoch; Horizontallager gut entwickelt, geschlossen pseudo-
parenchymatisch; aufrechte Fäden meist unverzweigt, in ein
Haar oder in ein Sporangium ausgehend; pluril. Spor. verlängert
eilanzettlich oder pfriemlich, unil. fehlend; Chromatophoren eine
größere Anzahl rundlicher oder etwas bandförmig ausgezogener
Platten. Nordsee, Helgoland, im flachen Wasser; Adriatisches
Meer, Rovigno.   **E. terminalis** Kütz.

    Kleine sammetartige Rasen auf Steinen und größeren Algen
bildend; Horizontallager gut entwickelt, geschlossen; aufrechte

Fäden bis ½ mm lang, unverzweigt oder etwas verzweigt, nicht in Haare ausgehend; pluril. Spor. oft sehr lang, länglich oder fadenförmig, 8—12 μ dick, terminal, einfächerige verkehrt eiförmig oder oval. Adriatisches Meer, lit. Reg.

E. simpliciusculus Kütz.

11. Die kleinen pinselförmigen oder kugeligen Rasen 5—15 mm hoch, zerstreut oder auch gelegentlich gegenständig verzweigt, Zweige in Haare ausgehend; pluril. Spor. eiförmig bis oval, mit 1—2-zelligem Stiel, unil. eiförmig oder kugelig-oval, kurz gestielt. Adriatisches Meer, an größeren Algen, untere lit. Reg.

E. caespitulus J. Ag.

Rasen 5—30 mm hoch; Verzweigung zerstreut, Zweige verlängert, abstehend; pluril. Spor. zerstreut, eiförmig oder länglich eiförmig, meist 60—80 μ lang, allermeist sitzend. Adriatisches Meer, auf **Fucus virsoides**, obere lit. Reg.

E. irregularis Kütz.

Weniger bekannte oder nach ihrem Vorkommen unsichere Arten:

E. Holmesii Batters. Kleine bräunliche Rasen, bis ca. 1 cm hoch, aufrechte Fäden unverzweigt oder wenig verzweigt, in ein Haar verlängert oder in Sporangien auslaufend; pluril. Spor. gestielt oder terminal, eiförmig, unil. kugelrund oder oval-gerundet. In Helgoland bisher nur auf einem Felsstück im Kulturgefäß gefunden, nicht im Freien.

E. lucifugus Kuckuck. Bildet an der Felswand dichte kurze, hellbraune Überzüge; Fäden unten rhizomartig, nach oben zu senkrecht ansteigend, nicht in Haare ausgehend, schwach zerstreut verzweigt; unil. Spor. keulenförmig, am Grunde in den Stiel verschmälert, terminal an den Fäden oder seitlich ± lang gestielt bis sitzend, 30—55 μ lang. An der Westseite von Helgoland in grotten- u. höhlenartigen Einschnitten der Felswand.

E. (?) maculans Kuckuck. Bildet hellbraune Flecken auf Lithothamnien bei 6—10 m Tiefe. Fäden zu einem pseudoparenchymatischen Lager vereinigt, kriechend, zerstreut verzweigt; Chromatophoren 4—6 rundliche Platten; aufrechte Fäden und Haare fehlen; pluril. Spor. eiförmig lanzettlich, 15—17 μ lang, meist mit einzelligem Stiel dem Faden aufsitzend. Zugehörigkeit zur Gattung zweifelhaft. Helgoland.

5. Gattung: **Pleurocladia** A. Braun.

Die Alge, die ziemlich reichlich Kalk abscheidet, bildet einen sammetartigen Belag auf den toten u. lebenden Wurzeln u. Rhizomen von Wasserpflanzen; aus der kleinen basalen Partie entwickeln sich Sporangien u. aufrechte Fäden, letztere bis 1 mm lang, vielfach, meist einseitig verzweigt, an den oberen Teilen mit zarten langen, interkalar wachsenden Haarfäden versehen; unil. Spor. an der Basis sitzend oder an den Fäden, rundlich elliptisch, pluril. an den

Fäden, zylindrisch. Im süßen Wasser in Norddeutschland, Berlin'
südl. Holstein, Plöner See. (Fig. 4, 5 mit unil. u. pluril. Spor.)

$$\text{P. lacustris A. Braun}$$

6. Gattung: **Ascocyclus** Magnus.

Die kleine Alge entwickelt eine kleine rundliche, einschichtige
Basalschreibe; dieser entspringen farblose Haare, farblose, einzellige
Schläuche (Paraphysen), die so lang oder länger als die Sporangien
sind, und pluril. Spor., die einreihig gefächert sind. Auf Zostera
in der westl. Ostsee.   **A. orbicularis** (J. Ag.) Magnus

7. Gattung: **Phycocelis** Strömf.

Gelblich braune Algen, die eine kleine rundliche, 1—2-schichtige
Zellscheibe ausbilden; dieser entspringen kurze einfache, selten verzweigte Zellfäden u. farblose Haare; pluril. Spor. durch Umwandlung
von Zellfäden oder Teilen von ihnen gebildet.

1. Basalscheibe einschichtig.   2.
   Basalscheibe teils einschichtig, teils zweischichtig.   3.
2. Sporangien an der Spitze der Zellfäden entwickelt, auf 2—4-zelligen
   Stielen, zylindrisch, einreihig; kleine, bis 1 mm im Durchmesser
   erreichende Flecke bildend, die Scheibe in der Mitte mit kurzen
   Zellfäden und Haaren, am Rande frei. In der westlichen Ostsee
   auf Zostera. (Ascocyclus balticus Reinke)

                                  P. balticus (Reinke)

   Sporangien durch Umwandlung ganzer Zellfäden entwickelt,
also auf der Basalscheibe sitzend, einreihig; Basalscheibe bis
1 mm im Durchmesser, aus ihrer Mitte entspringen lange farblose
Haare u. Sporangien   Westliche Ostsee an Steinen; Nordsee,
Helgoland.   **P. foecundus** Strömf. var. **seriatus** Reinke

   Sporangien seitlich u. terminal an den verzweigten Zellfäden,
zylindrisch-fadenförmig, einreihig; kleine kugelige Polster von
½—2 mm Durchmesser, farblose Haare zwischen den verzweigten
Zellfäden. Westl. Ostsee, lit. u. sublit. Reg., auf fadenförmigen
Algen u. auf Zostera. (Ascocyclus globosus Reinke)

                                  P. globosus (Reinke)

3. Basalscheibe innen zweischichtig, am Rande einschichtig, von
   1—6 mm Durchmesser; Zellfäden aus der Scheibe 6—8 Zellen
   lang, unverzweigt, zum Teil in pluril. Spor. mit 1—4-zelligem
   Stiel umgewandelt. Westl. Ostsee, lit. u. sublit. Reg., auf Fucus
   (Hecatonema fucicola Kylin)   **P. reptans** Kjellm.

   Basalscheibe abwechselnd einschichtig oder zweischichtig, nur
die zweischichtigen Zonen mit Zellfäden u. Sporangien besetzt,
Scheibe 1—4 mm im Durchmesser; Sporangien meist kürzer,
dabei länger gestielt als bei voriger Art. Westl. Ostsee, sublit.
Reg. auf Laminaria. (Myrionema ocellatum Kütz.)

                                  P. ocellatus (Kütz.)

Unsichere Art: P. aecidioides (Rosenv.) Kuckuck. Die kleine Alge lebt endophytisch in Laminaria; Exemplare mit pluril. zylindrischen Spor. ohne aufrechte assimilierende Fäden, indem die aus der Laminaria hervorwachsenden Zweige in Sporangien oder Haare umgewandelt werden; Exemplare mit unil. Spor. dagegen mit aufrechten, meist unverzweigten Zellfäden. Nordsee, Helgoland.

2. Familie: **Choristocarpaceae.**

Kleine, epiphytische Algen; die Zellfäden rasenförmig zusammenstehend, nur durch Teilung der Endzellen verlängert; Fortpflanzung durch pluril. oder unil. Spor.

Bestimmungstabelle der Gattungen:
A. Pluril. Spor. mit einer Öffnung am Scheitel.   **1. Choristocarpus.**
B. Pluril. Spor. mit besonderen Öffnungen für die einzelnen Fächer.
2. Discosporangium.

1. Gattung: **Choristocarpus** Zanard.

Die Sprosse büschelig gestellt, bis 2 cm hoch, monosiphone Fäden bildend, die zerstreut verzweigt sind, die Zellen mehrmals (bis 8—10-mal) länger als breit; Chromatophoren zahlreiche rundliche oder längliche Platten; vegetative Vermehrung durch Brutknospen, keulenförmige Organe, die seitlich an den Fäden entstehen und abfallen; Fortpflanzung durch unil. u. pluril. Spor., die ersteren mit einer kleineren Zahl von Schwärmern, die letzteren oval bis rundlich, sitzend. Adriatisches Meer, an anderen Algen.
C. tenellus (Kütz.) Zanard.

2. Gattung: **Discosporangium** Falkenb.

Die Sprosse bilden kleine, bis 4 cm hohe Rasen, die Fäden unregelmäßig ± verzweigt; unil. Spor. nicht bekannt; pluril. Spor. einzeln der Mitte von Fadenzellen aufsitzend, reif eine viereckige, wabenartige, einschichtige Platte bildend, deren Fächer sich einzeln öffnen. Adriatisches Meer, an größeren Algen.
D. mesarthrocarpum (Menegh.) Hauck

3. Familie: **Sphacelariaceae.**

Kleinere oder größere Formen, die meist mit einer ein- bis mehrschichtigen Basalscheibe befestigt sind; manchmal ist der Vegetationskörper auf diese Basalscheibe beschränkt, der die Fortpflanzungsorgane direkt aufsitzen; aufrechte Sprosse ± verzweigt, mit auffallender, großer Scheitelzelle, die zuerst Querwände bildet (Fig. 9, von Sphacelaria racemosa), dann finden Längsteilungen statt, die Zellen werden kleiner, u. es kann sich eine Zentralpartie u. Rinde sondern; Zweigbildung etwas unterhalb des Scheitels oder direkt am Scheitel, die Zweige meist in Lang- u. Kurztriebe gesondert, opponiert oder abwechselnd; daneben auch Haarbildungen; ferner können Berindungsfäden vorhanden sein, die die Rinde verstärken; vegetative Vermehrung durch Brutknospen, keulenförmige oder herzförmige Zellkörper; Fortpflanzung durch unil. u. pluril. Spor., die meist endständig an kleinen Zweiglein sind.

Bestimmungstabelle der Gattungen:

A. Verzweigungen unterhalb des Scheitels entspringend.
    a) Sporangien nicht auf besonderen Kurztrieben.
        1. Sphacelaria.
    b) Sporangien auf besonderen Kurztrieben.
      α) Sterile Kurztriebe zweizeilig.   **2. Chaetopteris.**
      β) Sterile Kurztriebe wirtelig gestellt.   **3. Cladostephus.**
B. Verzweigungen am Scheitel selbst entspringend.
    a) Sporangien vereinzelt.   **4. Halopteris.**
    b) Sporangien büschelig gehäuft.   **5. Stypocaulon.**

1. Gattung: **Sphacelaria** Lyngb.

Pflanzen dunkelbraun, fadenförmig, Sprosse aus mehreren Längsreihen von Zellen gebildet, verzweigt, unberindet oder unten durch herablaufende Wurzelfäden ± dicht berindet, mit kleiner Basalscheibe; Zweige seitlich, zerstreut oder gegenständig; unil. u. pluril. Sporangien meist rundlich oder oval auf kurzen oder längeren Stielen; ungeschlechtliche Vermehrung durch Brutknospen.

1. Kurztriebe von den Langtrieben scharf abgesetzt (vgl. auch einige Formen von S. cirrhosa).   2.
    Kurztriebe von der Hauptachse nur wenig verschieden   3.
2. Brutknospen dick, zuerst keulig, dann oben abgestutzt, annähernd herzförmig, mit 3 kurzen Hörnchen (Fig. 8); 1—2 cm hoch, Langtriebe fiederartig gegenständig verzweigt; unil. Spor. kugelig, meist auf einzelligem Stiel, pluril. unbekannt. Adriatisches Meer, an Felsen, lit. Reg.; Nordsee, Helgoland.
        S. plumula Zanard.
    Brutknospen fehlend; 3—10 cm hoch, Langtriebe mit fast gleichlangen, gegenständigen Kurztrieben besetzt, Langtriebe durch herablaufende Wurzelfäden berindet; unil. Spor. an den unberindeten Kurztrieben auf mehrzelligen, verzweigten oder unverzweigten Stielen. Helgoland.   **S. plumigera** Holmes
3. Brutknospen vorhanden.   4.
    Brutknospen fehlend.   5.
4. Brutknospen breit, keulenförmig, mit drei kleinen Hörnchen; dichte, 1—2 cm hohe Rasen bildend, unregelmäßig verzweigt;

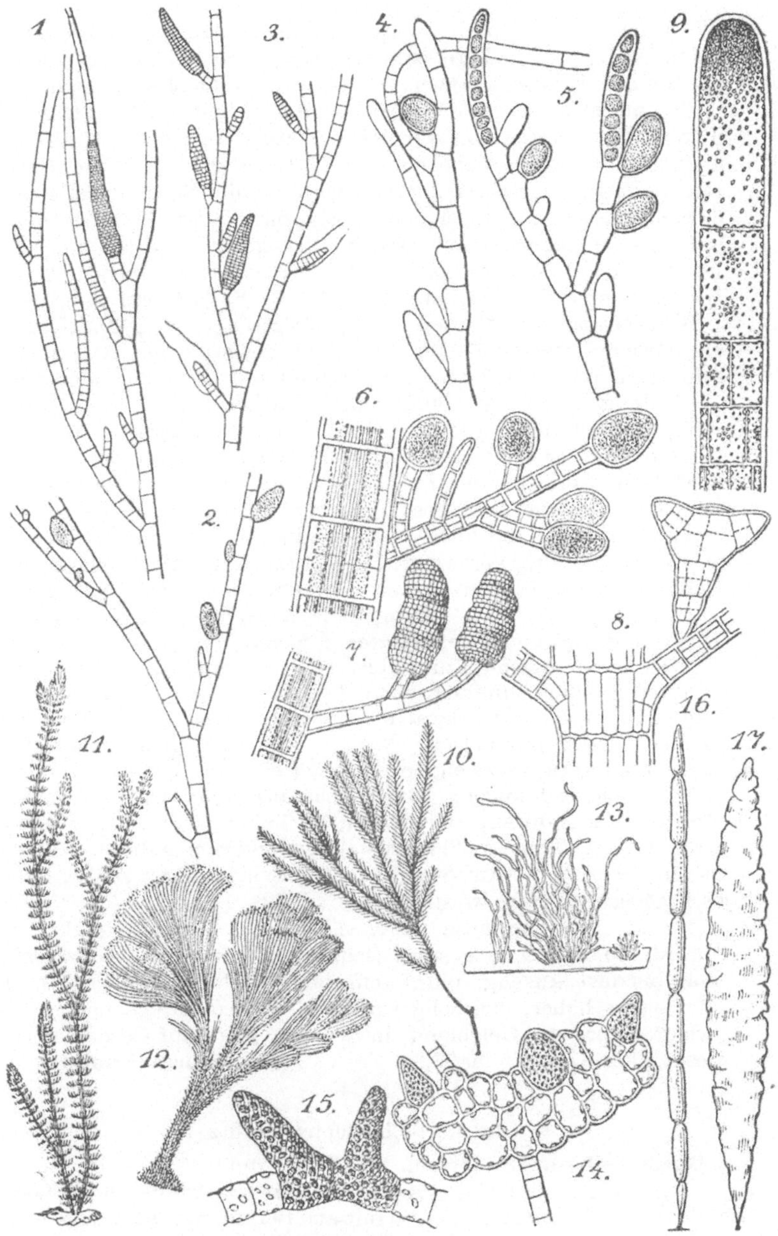

pluril. Spor. meist einseitig an den Zweigen, oval, auf 1—4-zelligem Stiel. An Steinen und größeren Algen im Adriatischen Meer, untere lit. Reg., an ruhigen Plätzen. **S. tribuloides** Menegh.

Brutknospen schmal, gegabelt, mit zylindrischen Strahlen; dichte kleine Rasen von wenigen mm bis 3 cm Höhe; Basalfäden endophytisch im Gewebe höherer Algen oder oberflächlich; aufrechte Fäden unregelmäßig verzweigt; unil. Spor. kugelig auf einzelligen, selten mehrzelligen Stielen, pluril. eiförmig-zylindrisch, auf ein- bis mehrzelligen Stielen. Helgoland, litoral auf den Klippen der Westseite, bis über das Niveau heraufgehend; Adriatisches Meer auf Fucaceae usw. **S. furcigera** Kütz.

Brutknospen schmal, dreistrahlig, mit verlängerten zylindrischen, am Grunde verschmälerten Strahlen; vielgestaltige Art, Rasen sehr klein oder bis 3 cm hoch, Achsen unregelmäßig oder auch $\pm$ fiederig verzweigt; Spor. einzeln an den Zweigen, auf einzelligem Stiel, unil. kugelig, pluril. länglich elliptisch. Östliche und westl. Ostsee; Nordsee, Helgoland; Adriatisches Meer; häufig auf Steinen oder auf Fucus, in der lit. u. sublit. Reg. Folgende Formen sind besonders bemerkenswert: f. pennata, Zweige ziemlich regelmäßig gegenständig, f. irregularis, unregelmäßig allseitig verzweigt, f. aegagropila, verworrene dichte Ballen bildend, die frei treiben oder am Meeresgrund liegen.

S. cirrhosa (Roth) Ag.

5. Unil. Spor. auf meist verzweigten Stielen. 6.

Unil. Spor. sitzend, zu zweit, eiförmig-rundlich; dichte, oft sehr ausgedehnte, dunkelbraune, 1—1½ cm hohe Rasen bildend, Fäden unregelmäßig schwach verzweigt, dünn. Helgoland, im flachen Wasser am Felsen. **S. radicans** Harv.

6. Unil. Spor. auf verzweigten Fruchtstielen in kleinen Trauben, eiförmig bis fast kugelig, pluril. ebenfalls meist auf verzweigten Fruchtstielen, eiförmig-zylindrisch; 1—7 cm hoch, büschelig wachsend, Achsen unregelmäßig verzweigt, die stärkeren durch Wurzelfäden $\pm$ berindet. Auf Steinen und Muscheln in der sublit. Reg., östl. Ostsee, Danzig, westl. Ostsee (Fig. 6, 7).

S. racemosa Grev. var. **arctica** (Harv.) Reinke

Unil. Spor. einzeln gestielt (selten der Stiel etwas verzweigt), oval bis fast kugelig, pluril. eiförmig bis kugelig; ½ cm hoch oder etwas höher, büschelig wachsend, Fäden unregelmäßig verzweigt. Nordsee, Helgoland, in 5—10 m Tiefe auf Geröllsteinen; westl. Ostsee (zweifelhaft). **S. olivacea** Pringsh.

2. Gattung: **Chaetopteris** Kütz.

Basalscheibe an Steinen u. Muscheln; dunkelbraun, bis 10 cm hoch, verzweigt, büschelig. Äste durch zweizeilig gestellte Kurztriebe schön gefiedert, Langtriebe mit aus Berindungsfäden gebildeter Rinde; Fruchtzweige kurz, aus den Berindungsfäden hervorgehend, im Winter gebildet; Sporangien kurz gestielt, unil. fast kugelig, pluril. breitellipsoidisch. Westliche Ostsee, Nordsee, häufig in der sublit. Reg. (Fig. 10). **C. plumosa** (Lyngb.) Kütz.

3. Gattung: **Cladostephus** Ag.

Basalscheibe kräftig entwickelt, mit ein bis mehreren Sprossen, diese unregelmäßig verzweigt, mit echter parenchymatischer Rinde, Kurztriebe zahlreich in vielgliederigen Wirteln; Fruchtzweige im Winter entwickelt, klein, zahlreich adventiv aus der Rinde.
1. Die Wirtel der Kurztriebe deutlich voneinander getrennt; 8—20 cm hoch, Wirtelästchen 1—2 mm lang. Nordsee, Helgoland, lit. u. sublit. Reg.; Adriatisches Meer, häufig an Felsen, lit. Reg. Seequirl. (Fig. 11). **C. verticillatus** (Lightf.) Ag.
2. Die Wirtel der Kurztriebe ganz genähert, nicht deutlich geschieden; 5—10 cm hoch, Wirtelästchen 1—3 mm lang. Nordsee, Helgoland, lit. Reg., an Felsen. **C. spongiosus** (Lightf.) Ag.

4. Gattung: **Halopteris** Kütz.

Sproß mehrfach fiederig verzweigt, bis 10 cm und darüber hoch; Spor. einzeln in der Achsel von Fiederchen höherer Ordnung, auf 1—3-zelligem Stiel, unil. u. pluril. eiförmig bis verkehrt eiförmig. Adriatisches Meer, untere lit. u. sublit. Reg.

H. filicina (Grat.) Kütz.

5. Gattung: **Stypocaulon** Kütz.

Sproß im unteren Teil mit einem Filz von Wurzelfäden bekleidet, bis 15 cm hoch, dicht büschelig verzweigt; Sporangien in den Achseln fertiler Kurztriebe gehäuft, unil. oval. Adriatisches Meer, häufig an Felsen, Cystosiren in der unteren lit. Reg.; Ostsee (?) (Fig. 12). **S. scoparium** (L.) Kütz.

4. Familie: **Encoeliaceae.**

Selten krustenförmig, meist mit verschiedenartig gestalteten fadenartigen bis bandartigen oder sackartigen Sprossen, die meist nach unten in einen Stiel ausgehen u. mit einer Haftscheibe oder mit Haftfäden befestigt sind; Gewebe des Sprosses meist in zwei Schichten gesondert, die Zellen der inneren Schicht größer als die der äußeren, der eigentlichen Assimilationsschicht; Sporangien durch Umwandlung einer Oberflächenzelle oder der Aussprossung einer solchen gebildet.

Bestimmungstabelle der Gattungen.
A. Scheibenförmig oder aus kriechenden Fäden gebildet, aufrechte Zellfäden 0 oder ganz kurz.
a) Sporangien durch Umwandlung vegetativer Zellen gebildet.
1. Phaeostroma.

b) Sporangien aus den Endzellen ganz kurzer freier Zellfäden gebildet.   **2. Symphyocarpus.**
B. Aufrechte fadenförmige oder breitere Sprosse vorhanden.
   a) Sproß blasenförmig aufgetrieben.   **3. Colpomenia.**
   b) Sproß fadenförmig bis blattförmig oder sackartig.
   α) Sporangien von wenigzelligen Stacheln begleitet.
                                                   4. Asperococcus.
   β) Stacheln fehlend.
      I. Gewebe des Sprosses gleichartig oder fast gleichartig.
         1. Sproß blattförmig.   **5. Punctaria.**
         2. Sproß schmal.
            * Sproß mit Wurzelfäden befestigt.
                                                   6. Desmotrichum.
         ** Aufrechte Sprosse aus einer sporangienbildenden
            Scheibe sich erhebend.   **7. Litosiphon.**
      II. Gewebe des Sprosses ungleichartig, die äußeren Zellen
          kleiner.
          1. Die Sporangien von Paraphysen begleitet.
             * Sproß bis halbmeterlang, bis 1 cm dick, oft
               gliederartig eingeschnürt.   **8. Scytosiphon.**
             ** Sproß 5—8 cm hoch, bis 1,5 mm im Durchmesser.
                                                     9. Delamarea.
          2. Paraphysen fehlend.   **10. Phyllitis.**

1. Gattung: **Phaeostroma** Kuckuck.

1—2 mm im Durchmesser, aus zerstreut verzweigten Zellfäden
gebildet, die zu einer kleinen Scheibe zusammenschließen können;
Haare mit basalem Wachstum; Sporangien durch Umwandlung
von vegetativen Zellen gebildet, über die Scheibe hervorragend,
unil. kugelig oder birnförmig, pluril. unregelmäßig rundlich bis fast
höckerig oder knollenförmig. Westl. Ostsee, an Zosterablättern.

P. pustulosum Kuckuck

2. Gattung: **Symphyocarpus** Rosenv.

Krustenförmig; die verzweigten Zellfäden schließen scheibenförmig zusammen; aus diesem Lager erheben sich sehr kurze, dicht
gedrängte freie Zellfäden, deren Endzellen häufig schlauchförmig
aufgetrieben sind; ein plattenförmiges Chromatophor in der Zelle;
pluril. Spor. aus den Endzellen der kurzen Fäden gebildet. Nordsee,
Helgoland, kleine Krusten auf Geröll bei ca. 7 m Tiefe.

S. strangulans Rosenv.

3. Gattung: **Colpomenia** Derb. et Sol.

Sproß blasenförmig aufgetrieben, Blasen bis faustgroß, einzeln
oder gehäuft, kugelig oder unregelmäßig gelappt; innere Schicht
der Wand aus einigen Lagen größerer rundlicher Zellen gebildet,

die nach außen zu kleiner werden, äußere Schicht aus einer Lage von kleinen Rindenzellen gebildet; pluril. Spor. in Gruppen, zylindrisch, von einzelligen, keuligen Paraphysen begleitet. Eine Art; Adriatisches Meer. **C. sinuosa** Derb. et Sol.

4. Gattung: **Asperococcus** Lamour.

Sproß hohl, bandförmig oder zylindrisch, selten solide bleibend, am Grunde meist kurz gestielt, Wand der hohlen Sprosse aus wenigen Lagen von Zellen gebildet, die nach außen an Größe abnehmen; unil. Spor. in zahlreichen kleinen Gruppen zerstreut, dem Sproß außen aufsitzend, kugelig oder kugelig-birnförmig, von wenigzelligen Stacheln begleitet, pluril. Spor. eiförmig oder ellipsoidisch, ebenfalls in Gruppen.

1. Sproß hohl. 2.
   Sproß solide bleibend, nicht hohl; aus einer Basalscheibe entspringen bis 10 mm lange und bis 0,5 mm dicke Fäden mit meist 4 großen Zentral- u. vielen kleineren Rindenzellen; unil. Spor. von Stacheln begleitet, kugel- bis birnförmig, pluril. nicht von Stacheln begleitet, kegelförmig. Adriatisches Meer (Rovigno), im flachen Wasser auf Steinen. **A. scaber** Kuckuck
2. Sproß röhrig-zylindrisch, nicht zusammengedrückt. 3.
   Sproß flach, zusammengedrückt, linealisch-lanzettlich, bis 40 cm lang, olivengelb. Adriatisches Meer. **A. compressus** Griff.
3. Sproß bis halbmeterlang, fadenförmig oder zylindrisch, von olivbrauner Farbe, spärlich oder zahlreicher mit farblosen Haaren; gesellig wachsend. Nordsee, Helgoland, lit. Reg.; westl. Ostsee. In der westl. Ostsee auf Fucus, nicht häufig; die var. filiformis Reinke, deren Sproß nur bis 4 cm lang und bis 0,2 cm dick ist; stärkere Pflanzen mit Hohlraum, schwache nur als Zellfäden ausgebildet. **A. echinatus** (Mert.) Grev.
   Sproß bis halbmeterlang, blasig aufgetrieben, schlauchartig, hier und da eingeschnürt. Nordsee; Adriatisches Meer.
   A. bullosus Lamour.

5. Gattung: **Punctaria** Grev.

Sprosse gelbbraun bis olivbraun, blattförmig, unverzweigt, kurz gestielt; die Zellen der Rindenschicht von den inneren wenig verschieden; Haare meist in Büscheln aus der Oberfläche entspringend; unil. u. pluril. Spor. aus Oberflächenzellen gebildet, einzeln oder in Gruppen.

1. Sprosse meist gesellig wachsend, lanzettlich oder verkehrt eiförmig, etwas lederartig, bis 20 cm lang, bis 8 cm breit, durch die Büschel der Haare deutlich punktiert. Westl. Ostsee, selten, lit. Reg. an Holz u. Steinen; Nordsee, Helgoland, häufiger, im Frühjahr u. Sommer. **P. plantaginea** (Roth) Grev.

2. Sprosse lanzettlich bis eiförmig, dünnhäutig, etwas wellig, gelb-
braun, bis 40 cm lang u. bis 10 cm breit, nicht deutlich getüpfelt.
Nordsee, Helgoland, selten in der sublit. Reg., an Steinen im
Sommer; Adriatisches Meer.   **P. latifolia** Grev.

6. Gattung: **Desmotrichum** Kütz.

Sehr kleine oder mittelgroße, gelblich braune Algen, Sproß
bandartig, linealisch, gegen die Basis verschmälert, 2—4-schichtig,
dem Substrat mit ± verfilzten Wurzelfäden angeheftet oder Sproß
am Zellfaden, der meist einreihig ist u. nur hier u. da Längsteilungen
aufweist; Haare zerstreut, abfällig; unil. Spor. aus einer Oberflächenzelle entstehend, eingesenkt; pluril. ebenso, oder dem Sproß außen
aufsitzend, manchmal auch kurz gestielt.

1. Sproß nur 1—10 mm lang, meist einreihig.   2.
   Sproß durchschnittlich 5 cm lang, aber auch bis über 10 cm,
einige mm breit, 2—4-schichtig; unil. u. pluril. Spor. auf dem-
selben oder auf verschiedenen Individuen. Westl. Ostsee, lit. u.
sublit. Reg., an Zostera-Blättern; Nordsee, Helgoland (Fig. 13,
14, mit unil. Spor.).   **D. undulatum** (J. Ag.) Reinke
2. Pluril. Spor. dem Sproß aufsitzend, konisch, oder durch Umwandlung von Zellen entstehend; Sproß in ein farbloses Haar auslaufend. Westl. Ostsee, wie vorige, auch auf Algen. (Fig. 15.)
                                        D. balticum Kütz.
   Pluril. Spor. dem Sproß aufsitzend, meist spindelförmig nach
dem Grunde verschmälert, öfter auch gestielt; sonst wie vorige.
Westl. Ostsee, lit. Reg., an Steinen, selten.

                                        D. scopulorum Reinke

7. Gattung: **Litosiphon** Harv. (Pogotrichum Reinke).

Sproß fadenförmig, gleichmäßig parenchymatisch, Sporangien
durch Umwandlung einzelner Zellen gebildet.

Zuerst (im Winter) scheibenförmig, einschichtig, mit zahlreichen
sitzenden pluril. Spor.; dann (gegen das Frühjahr) bildet die Scheibe
aufrechte, büschelig wachsende, unverzweigte, tief dunkelbraune,
bis ca. 5 cm lange, fadenförmige Sprosse von radiärem Querschnitt,
mit interkalarem Wachstum; Teile des Fadens werden fertilisiert,
indem auf längere Strecken alle Zellen in pluril. oder unil. Spor.
umgebildet werden; späterhin läßt die Fertilisierung nach, die Sporangien dann in Gruppen. Nordsee, Helgoland, massenhaft im Winter
und Frühjahr auf Laminaria saccharina.

                                        L. filiformis (Reinke) Batters

8. Gattung: **Scytosiphon** Ag.

Sprosse gesellig wachsend, dunkelbraun oder olivbraun, mit
kleiner Haftscheibe ansitzend, unverzweigt, zylindrisch, hohl, öfters
gliederartig eingeschnürt; Rindenschicht aus kleinen Zellen gebildet,

die innere Schicht mit größeren u. etwas mehr gestreckten Zellen; pluril. Spor. zylindrisch, durch Teilung von Rindenzellen gebildet, in ± zusammenhängenden Schichten die Oberfläche bedeckend; zwischen den Sporangien keulenförmige Paraphysen zerstreut; ein plattenförmiges Chromatophor in jeder Zelle.

Sprosse bis 50 cm lang und 1—10 mm dick, nach beiden Enden verschmälert. Lit. Reg. der Nord- u. Ostsee; Adriatisches Meer; an Steinen, Holzwerk, Zostera usw., häufig u. gesellig (Fig. 16). In der westl. Ostsee vorwiegend, in der östl. Ostsee ausschließlich die f. fistulosa. **S. lomentarius** (Lyngb.) J. Ag.

Nur einmal nordwestl. von Fehmarn (Ostsee) wurde aufgefunden S. pygmaeus Reinke, eine kleine, 1 cm lange Alge, bei der die Sporangien auf der Oberfläche kleine Flecken, keine größeren Schichten bilden.

9. Gattung: **Delamarea** Hariot.

Sproß röhrenförmig, schmal, gestielt, 5—8 cm hoch, bis 1,5 mm Durchmesser; äußere Zellen klein, kurz, innere größer u. mehr gestreckt; Haare mit basalem Vegetationspunkt; unil. Spor. fast kugelig, mit schlauchförmigen Paraphysen untermischt zuletzt fast die ganze Oberfläche bedeckend; pluril. Spor. auf anderen Individuen, kegelförmig. Nordsee, Helgoland, lit. Reg., an Felsen.

D. attenuata (Kjellm.) Rosenv.

10. Gattung: **Phyllitis** Kütz.

Sproß schmal bandförmig oder fadenförmig bis blattförmig, häutig, unverzweigt, gestielt; innere Zellschicht von größeren Zellen u. äußere Rindenschicht von kleineren Zellen gebildet; pluril. Spor. schmal zylindrisch, aus Rindenzellen gebildet, in ganzen Schichten die Oberfläche bedeckend; keine Paraphysen.

1. Sproß sehr schmal linealisch bis fadenförmig. 2.

Sproß flach, linealisch bis verkehrt eiförmig, keilförmig in den Stiel verschmälert, nicht hohl, bis 20 cm lang u. bis 5 cm breit, olivgelb; einjährig. Westl. Ostsee, lit., gesellig wachsend, häufig an Steinen, Muscheln, Pfählen; Nordsee, Helgoland, obere lit. Reg. (Fig. 17). Im Adriatischen Meer die var. debilis (Ag.) Hauck, Sproß bis 30 cm lang, 3—6 cm breit, länglich oder verkehrt eiförmig, schnell in den 2—3 mm langen Stiel verschmälert.

P. fascia (Müll.) Kütz.

2. Sproß gleichmäßig schmal linealisch, bis höchstens 1 cm breit, streckenweise hohl, plötzlich in den Stiel verschmälert. Westl. Ostsee, ebenso wie vorige Art, aber seltener, Nordsee, obere lit. Reg., Helgoland, Sylt, bes. im Winter; Adriatisches Meer, Istrien.

P. zosterifolia Reinke

Sproß sehr schmal linealisch oder fadenförmig, 1—2 cm hoch. Nordsee, Helgoland, obere lit. Reg., auf Felsen Rasen bildend.

P. filiformis Batters

5. Familie: **Striariaceae.**

Algen von mittlerer Größe, Sprosse fadenförmig, oft ± hohl, regelmäßig verzweigt, Wachstum interkalar, nach der Spitze des Sprosses zu erlöschend; Sporangien durch Umwandlung von Außenzellen oder der Aussprossungen von Außenzellen entstehend.

Bestimmungstabelle der Gattungen:

A. Sporangien von Paraphysen begleitet.   **1. Striaria.**
B. Sporangien nicht von Paraphysen begleitet.
    a) Pluril. Spor. zweierlei Art.   **2. Kjellmania.**
    b) Pluril. Spor. einerlei Art.   **3. Stictyosiphon.**

1. Gattung: **Striaria** Grev.

Sprosse büschelig wachsend, blaß gelbbraun oder blaß oliv, 5—50 cm lang u. 1—5 mm dick, schlaff, wiederholt reichlich verzweigt, Zweige oft gegenständig, allmählich in eine Zellreihe u. dann in ein Haar ausgehend, Sproß hohl, Wand dünn, oft nur aus 2—3 Lagen von Zellen gebildet, von denen die inneren bedeutend größer als die äußeren sind; unil. Spor. aus Aussprossungen von Außenzellen gebildet, hervortretend, kugelig oder verkehrt eiförmig, von einzelnen oder in Büscheln stehenden Haaren u. von derbwandigen einzelligen Paraphysen begleitet, in Gruppen vereinigt, die meist ± deutliche Querbänder am Sproß bilden; pluril. Spor. aus den Außenzellen umgewandelt, wenig vortretend. Westl. Ostsee, selten, sublit. Reg., an größeren Algen. Im Sommer frukt.; Adriatisches Meer, sublit. Reg.   **S. attenuata** Grev.

2. Gattung: **Kjellmania** Reinke.

Gelblich braun, Sprosse fadenförmig, mit gegliederten Wurzelfäden haftend, zerstreut schwach verzweigt, 1—5 cm lang, bis ½ mm dick; Längenwachstum durch interkalare Zellteilung; Sproß zunächst einreihig, durch später auftretende Längswände dann mehrreihig (4—6 Zellen im Querschnitt); Chromatophoren 8—10 plattenförmig; farblose Haare vorhanden; zweierlei Arten von Sporangien: 1. Interkalare Sporangien durch Quer- u. Längsteilungen von Zellen im Fadenverlauf gebildet, meist zu mehreren zusammen; je ein Schwärmer im Fach; 2. Sorus-Sporangien durch Ausstülpung von Oberflächenzellen gebildet; diese Ausstülpung in mehrere Zellen gegliedert, die in mehrere Fächer mit je 1 Schwärmer zerfallen (Fig. 19). Westl. Ostsee, sublitoral, selten (Fig. 18).   **K. sorifera** Reinke

3. Gattung: **Stictyosiphon** Kütz. (Phloeospora Aresch.).

Sprosse meist büschelig stehend, mit kurzen Wurzelfäden befestigt, fadenförmig, reich büschelig verzweigt, Zweigspitzen einreihig, schließlich in Haare ausgehend; innere Zellen groß, langgestreckt oder mehr rundlich, äußere Zellen (Rindenschicht) klein, von der Fläche gesehen fast viereckig; pluril. Spor. aus Außenzellen gebildet, warzenförmig ein wenig hervorragend, in unregelmäßig zerstreuten Gruppen, oft zahlreich zusammen (Fig. 20, 21).

Sproß unten hohl, oben solid, gelblich braun, bis 30 cm lang, bis $\frac{1}{2}$ mm dick, innere Zellen langgestreckt. Westl. u. östl. Ostsee (Danzig), lit. u. sublit. Reg., an Steinen, Muscheln, größeren Algen; Nordsee, Helgoland; einjährig; frukt. Somm. (Fig. 20, 21). (St. subarticulatus (Aresch.) Hauck). **S. tortilis** (Rupr.) Reinke

Sproß durchweg röhrig, olivfarben, schlaff, bis 50 cm lang u. bis etwas über 1 mm dick, reich verzweigt, Zweige teilweise wirtelig entspringend, innere größere Zellen mehr rundlich. Adriatisches Meer, auf größeren Algen, untere lit. Reg. **S. adriaticus** Kütz.

6. Familie: **Desmarestiaceae.**

Sprosse dünn, mit Langtrieben reich, meist zweizeilig verzweigt, Langtriebe mit zahlreichen kleinen Kurztrieben besetzt; Langtriebe monosiphon, d. h. zunächst aus einer Zellreihe bestehend, die dann durch zusammenschließende Zweiglein berindet wird, Rinde schließlich vielzellig. Fortpflanzung durch unil. Spor.

Einzige Gattung: **Desmarestia** Lamour.

1. Ausdauernd; Sproß bis 1,5 m lang, dünn (2—3 mm), zusammengedrückt, stark verzweigt, blaß bis dunkler olivbraun; im Frühjahr u. Sommer sind die Triebe mit gelbbraunen Haarbüscheln bedeckt (Fig. 22), die gegen den Herbst hin abfallen, so daß dann die Pflanze nur kurze Stacheln aufweist (Fig. 23). Nordsee, Helgoland, im tieferen Wasser; auch in der westl. Ostsee.

D. aculeata (L.) Lamour.

2. Jährig; Sproß bis 1 m lang, fadenförmig (1—2 mm), reich verzweigt, Zweige fein fadenförmig auslaufend, orangebraun, an der Luft spangrün werdend. Verbreitung ähnlich.

D. viridis (L.) Lamour.

7. Familie: **Dictyosiphonaceae.**

Kleinere oder mittelgroße Algen, fadenförmig, $\pm$ hohl, $\pm$ reich verzweigt, selten unverzweigt, an der Spitze zunächst mittels Scheitelzelle wachsend; unil. Spor. durch Umwandlung von Rindenzellen gebildet, der Rindenschicht $\pm$ eingesenkt; pluril. Spor. nicht bekannt.

Bestimmungstabelle der Gattungen:

A. Rindenschicht der Sprosse von parenchymatischem Bau.

Dictyosiphon.

B. Rindenschicht aus kurzen, 2—3-gliedrigen Assimilationsfäden gebildet, diese senkrecht zur Sproßachse, durch Gallerte verbunden.

Gobia.

1. Gattung: **Dictyosiphon** Grev.

Fadenförmig, verzweigt, unten hohl, $\pm$ mit Haaren versehen;
innere Schicht aus größeren längsgestreckten Zellen gebildet, nach
außen zu kleinere Rindenzellen; unil. Spor. zerstreut, kugelig bis oval,
aus unterhalb der äußersten Zellenlage der Rinde gelegenen Zellen
gebildet, wenig über diese hervorragend.

1. Äste nach dem Grunde stark verdünnt; ziemlich schwach verzweigt.   2.
   Äste nach dem Grunde nicht verdünnt; reichlich verzweigt.   3.
2. Nicht schlüpfrig, olivgelblich, bis 30 cm lang u. bis 3 mm dick,
   mit verschieden dicken, verlängerten Ästen, die nur kurze Zweiglein tragen; einjährig, frukt. Sommer. Westl., östl. Ostsee, lit. Reg.,
   an Steinen, Muscheln, größeren Algen (Fig. 24).

   D. chordaria Aresch.

   Schlüpfrig, von gelatinöser Konsistenz, schwach verzweigt, sonst
   der vorigen Art ähnlich; frukt. Frühsommer. Westl. Ostsee, lit.
   Reg., an Steinen, nicht häufig.   D. mesogloia Aresch.
3. Gelblich braun bis braun, unregelmäßig reich verzweigt, ziemlich
   dichte Büschel bildend, bis 50 cm lang; Rindenzellen von oben
   gesehen kantig; einjährig. Ostsee, lit. Reg. an Steinen, Muscheln,
   Algen, häufig; Nordsee, Helgoland, nur im Sommer.   In der
   Ostsee mehrere Formen, bemerkenswert var. flaccida Reinke von
   heller Färbung, mit gleichmäßig dünnen Ästen, dicht mit langen
   Haaren besetzt.   D. foeniculaceus (Huds.) Grev.
   Dunkelbraun, trocken schwarz, von derber Konsistenz, Größen-
   verhältinsse ungefähr wie bei voriger Art; Rindenzellen von oben
   gesehen quadratisch.   Ostsee, wie vorige.

   D. hippuroides (Lyngb.) Kütz.

2. Gattung: **Gobia** Reinke.

Sproß röhren- oder darmförmig, bisweilen aufgetrieben, unverzweigt oder spärlich verzweigt, weich und schlüpfrig, mit langen
Haaren.

Bis 15 cm lang, ca. 3 mm dick; einjährig, im Sommer; Ostsee,
lit. Reg., an Steinen und Muscheln, selten.

G. baltica (Gobi) Reinke

8. Familie: **Myriotrichiaceae.**

Einzige Gattung: **Myriotrichia** Harv.

Epiphytische Algen; aufrechter Sproß aus einem niederliegenden
Faden entwickelt, polysiphon oder durchweg monosiphon, mit ter-
minalen oder seitlich stehenden Haaren; unil. u. pluril. Spor.
meist auf verschiedenen Individuen, zu ringförmigen Gürteln oder
$\pm$ ausgedehnten Sori vereinigt.

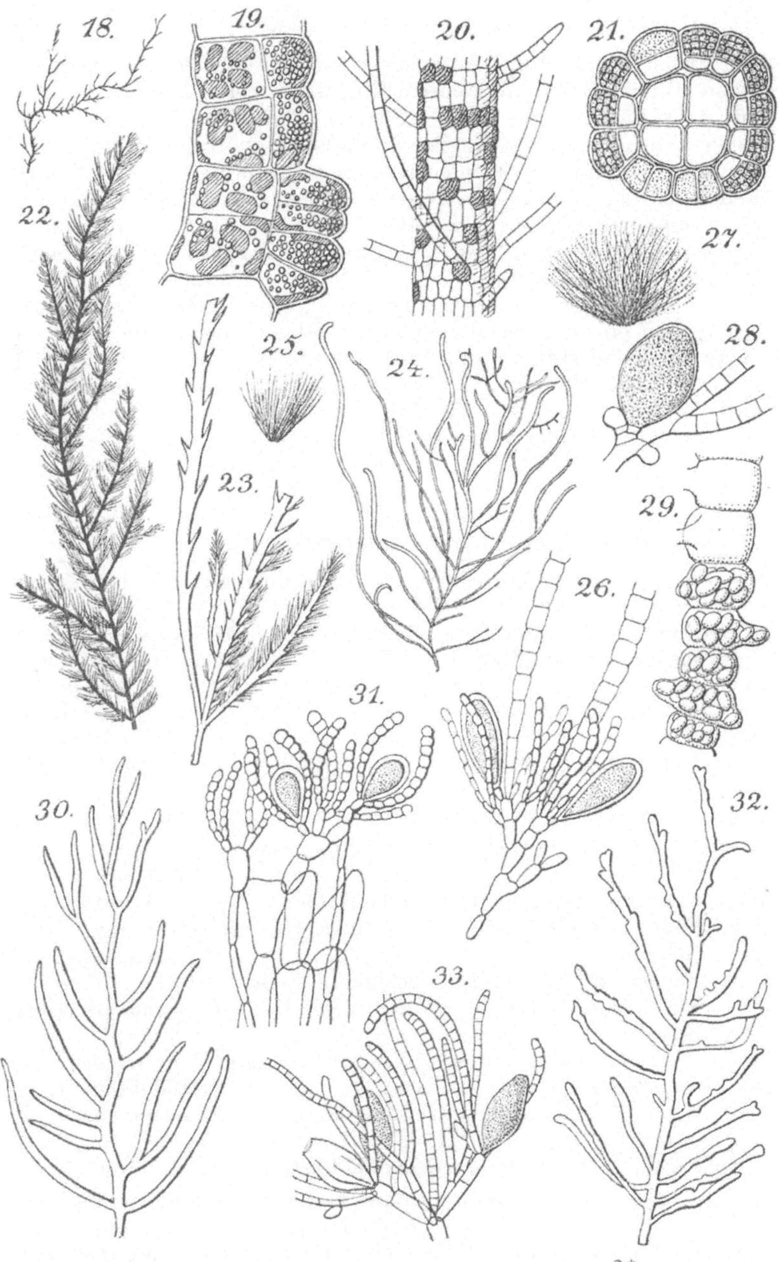

Rasen bildend, bis mehrere mm hoch; die aus dem niederliegenden Faden sich zahlreich erhebenden aufrechten unverzweigten Zellfäden einreihig mit interkalarem Wachstum; pluril. Spor. einreihig, mit 4—8 Fächern, an kurz bleibenden Tragzellen des Fadens entwickelt, die oft noch 1—2 sterile Stielzellen hervorbringen; unil. Spor. meist kugelig, immer sitzend, nicht selten auch dem niederliegenden Faden ansitzend, an den aufrechten Fäden nur an der Spitze oder in $\pm$ zahlreichen Wirteln gebildet. Lit. u. sublit. Reg., an anderen Algen im Adriatischen Meer. (Dichosporangium repens Hauck, M. adriatica Hauck).   **M. repens** Hauck

Rasenbildend, Sprosse bis 2 cm lang, sehr dünn u. schlaff, gelbbraun, aus einem horizontalen kriechenden Faden ansteigend, unverzweigt, monosiphon oder bald polysiphon; Sporangien in ringförmigen Gürteln, pluril. bis 8-fächerig, selten mehrfächerig, unil. sitzend, kugelig; Frühling. Adriatisches Meer, meist in größerer Tiefe an Cutleria usw., selten in der lit. Reg.

M. protasperococcus Berth.

9. Familie: Elachistaceae.

Kleine oder sehr kleine Algen, pinselförmig oder in kleinen Rasen oder Polstern wachsend; Zellfäden mit interkalaren Teilungen, zuerst kriechend, dann aufrechte Zellreihen bildend; Teilungen schließlich nur im unteren Teile der Zellfäden, im oberen Teil chromatophorenreiche Assimilationszellen; aus dem unteren Teil Seitenäste, die gleich dem Hauptfaden sind oder Fortpflanzungsorgane oder kurze Assimilationsfäden werden; die unteren Teile der Fäden schließen sich öfters dicht lagerartig zusammen; unil. u. pluril. Spor.

Bestimmungstabelle der Gattungen:
A. Sproßfäden nach oben zu mehrreihig parenchymatisch.
1. Giraudia.
B. Sproßfäden einreihig (monosiphon).
  a) Fäden im unteren Teil dicht gestellt polsterförmige Lager bildend. 2. Elachista.
  b) Fäden im unteren Teil lockerer gestellt.
    α) Einzelne Fäden Ausläufer bildend. 3. Symphoricoccus.
    β) Ohne Ausläufer.
      I. Zellfäden mit wiederholt verzweigten Kurztrieben.
4. Halothrix.
      II. Zellfäden ohne Kurztriebe. 5. Leptonema.

1. Gattung: Giraudia Derb. et Sol.

5—15 mm hoch, gelblich braun; Fäden am Grunde wenig verzweigt, in ein Büschel farbloser Haare ausgehend, im oberen Teil aus mehreren Zellreihen gebildet (polysiphon); pluril. Spor. zweierlei

Art, entweder eiförmig, stellenweis in dichten Gruppen an den polysiphonen Teilen des Sprosses, oder länglich bis lanzettlich, büschelig gestellt auf kurzen Ästchen am Grunde der Fäden. Westl. Ostsee, lit. u. sublit. Reg., an Zostera; Adriatisches Meer, an Zostera, Cystosira usw. **G. sphacelarioides** Derb. et Sol.

2. Gattung: **Elachista** Duby.

Kleine büschelige Rasen oder Polster bildend; die einreihigen Zellfäden sind im unteren Teil verzweigt u. bilden hier dicht zusammenschließend ein polsterförmiges Lager; darüber erheben sich unverzweigte lange u. gleichfalls dicht stehende kurze Assimilationsfäden; am Grunde der kurzen Assimilationsfäden stehen die birnförmigen oder verkehrt eiförmigen unil. Spor. (Fig. 26).

Olivbraun bis rotbräunlich, 0,5—3 cm hoch, rundliche Polster bildend. Auf Fucus serratus und F. vesiculosus, lit. u. sublit. Reg., westl. u. östl. Ostsee (Danzig); Nordsee (Fig. 25, 26).

E. fucicola (Velley) Fries

3. Gattung: **Symphoricoccus** Reinke.

Nur 1 mm hoch, büschelig wachsend; Fäden mit kurzen Wurzelhaaren, nur am Grunde verzweigt oder auch hier u. da weiter oben mit einem Seitenast; niederliegende Fäden verhalten sich gelegentlich wie Ausläufer, indem aus einer das Substrat berührenden Zelle ein neuer Stock hervorgeht; unil. Spor. am Grunde der Fäden gehäuft oder auch weiter oben stehend, ungestielt oder mit einzelligem Stiel. Westl. Ostsee, auf Florideen (Polysiphonia) sublit. Reg., sehr selten. **S. radians** Reinke

4. Gattung: **Halothrix** Reinke.

Büschelig wachsend, 5—20 mm hoch, hell gelblichbraun; Zellfäden nur über dem Grunde verzweigt; ein Teil der Äste bildet wiederholt verzweigte Kurztriebe; Chromatophoren zahlreich, klein, plattenförmig; pluril. Spor. am mittleren oder oberen Teil der Assimilationsfäden, krustenförmige Anhäufungen an deren Oberfläche bildend, die die Fäden zonenweise einhüllen, 4—6-fächerig, in jedem Fach mit einer Spore. Westl. Ostsee, auf alten Zostera-Blättern, lit., sublit. Reg. **H. lumbricalis** (Kütz.) Reinke

5. Gattung: **Leptonema** Reinke.

Kleine, gelblichbraune Algen, meist nur einige mm hoch, kleine Büschel bildend, mit unverzweigten oder am Grunde etwas verzweigten Zellfäden; Chromatophoren wenige in der Zelle, kurze horizontale Bänder bildend; unil. Spor. eiförmig (Fig. 28), sitzend oder kurz gestielt, dicht über dem Grunde der Sproßfäden; pluril. Spor. (Fig. 29) durch Umwandlung von je einer Gliederzelle der Fäden gebildet, diese Zellen quer gestreckt u. in 2—6 Querfäden mit je 1—2 Sporen zerfallend.

1. Basalfaden horizontal, verästelt, pluril. Spor. mit 3—6 Quer-
   fächern; in mehreren Formen entwickelt, größere 5—20 mm hoch,
   kleinere 1—3 mm.   Westl. Ostsee, lit., sublit. Reg., an Algen,
   Muscheln usw. (Fig. 27, 28, 29).   **L. fasciculatum** Reinke
2. Aufrechte Zellfäden sich aus dem unverästelten Basalteil er-
   hebend; pluril. Spor. zweifächerig, jedes Fach mit 1 Spore. Nordsee, Helgoland, an Felsen der Westseite über der Wasserlinie
   kurze, sammetartige Rasen bildend.   **L. lucifugum** Kuckuck

10. Familie: **Chordariaceae.**

Sehr kleine bis größere Algen; Sproß fadenförmig verzweigt
oder kugelig bis polsterförmig, solid oder später hohl, ± schlüpfrig;
die Assimilationsfäden entspringen einer Basalscheibe oder einem
Markkörper; unil. Spor. einzeln, den Assimilationsfäden seitlich oder
am Grunde entspringend, bei Myrionema und Ulonema der Basalscheibe selbst aufsitzend.

Bestimmungstabelle der Gattungen:
A. Sprosse ziemlich groß bis groß, fadenförmig, verzweigt, aufrecht.
   a) Markkörper aus parenchymatisch verbundenen Zellen gebildet.
                                          1. Chordaria.
   b) Zellfäden des Markkörpers locker oder fester verbunden.
      α) Sproß hohl; Adriatisches Meer.   **2. Cladosiphon.**
      β) Sproß solid oder seltener später etwas röhrig.
         I. Obere Zellen der Assimilationsfäden groß, kugelig, viel
            breiter als die unteren.
            1. Unil. Spor. kugelig-oval, pluril. endständig, mehr-
               reihig.   **3. Liebmannia.**
            2. Unil. Spor. verkehrt-eiförmig, pluril. unbekannt.
                                          4. Mesogloia.
         II. Obere Zellen der Assimilationsfäden nicht wesentlich
            breiter als die unteren, rundlich-tonnenförmig.
                                          5. Castagnea.
B. Sprosse klein, kugelig oder halbkugelig oder ± gelappt oder
   polsterförmig.
   a) Die Assimilationsfäden entspringen kriechenden Fäden oder
      einer Basalscheibe.
      α) Basalfäden kriechend, wenigstens zuerst nicht scheiben-
         förmig zusammenschließend, mit abwärts wachsenden Rhi-
         zoiden.   **6. Ulonema.**
      β) Basalscheibe von parenchymatischem Bau.
         I. Basalscheibe einschichtig.
            1. Assimilationsfäden keulenförmig, Sporangien mit
               Stielen der Basalscheibe aufsitzend.
                                          7. Myrionema.

2. Assimilationsfäden nicht keulenförmig, fast gleich breit, Sporangien ihnen seitlich ansitzend.

8. Compsonema.

II. Basalscheibe zweischichtig. **9. Microspongium.**

b) Die Assimilationsfäden entspringen einem markartigen Gewebekörper.

α) Assimilationsfäden an beiden Enden verschmälert.

10. Myriactis.

β) Assimilationsfäden gleichmäßig dünn oder etwas keulig.

I. Assimilationsfäden dünn, stark verzweigt; Markfäden durch dünne Rhizoiden verbunden.

11. Cylindrocarpus.

II. Assimilationsfäden etwas keulenförmig, sehr kurz oder kurz oder bis 10-zellig, Zellen breit; keine Rhizoiden.

12. Leathesia.

1. Gattung: **Chordaria** Ag.

Sproß ziemlich groß, fadenförmig, stielrund, verzweigt, solid oder hohl, ± schlüpfrig oder etwas knorpelig; Zellen des Inneren parenchymartig verbunden, längsgereiht, nach außen zu allmählich kleiner werdend; zwischen den Reihen längsverlaufende Hyphen; Assimilationsfäden ± keulenförmig, kurz, senkrecht zur Längsachse gestellt, dicht verbunden, zwischen ihnen farblose Haare; unil. Spor. ellipsoidisch-birnförmig, am Grunde der Assimilationsfäden; pluril. nicht bekannt.

Sproß dunkelbraun bis schwarz, bis 40 cm lang u. bis 3 mm dick, solid, ein wenig schlüpfrig, ziemlich elastisch; Äste lang, abstehend, meist unverzweigt; Endzellen der Assimilationsfäden 1½—2 mal so breit als die unteren Zellen. Frukt. Sommer, Herbst. Westl. Ostsee; Nordsee, Helgoland; lit. Reg., an Steinen u. Holzwerk.

C. flagelliformis (Müll.) Ag., Geißeltang.

Sproß olivbraun, bis 30 cm lang u. bis 1 mm dick, in älteren Teilen hohl, ziemlich schlüpfrig, unregelmäßig seitlich verzweigt; Endzellen der Assimilationsfäden 2—5 mal so breit als die unteren Zellen, unverhältnismäßig groß, kugelrund. Westl. Ostsee, selten, lit. Reg., an Steinen u. Fucus. **C. divaricata** Ag.

2. Gattung: **Cladosiphon** Kütz.

Sproß fadenförmig, verzweigt, hohl, gallertig; Markschicht aus wenigen längsverlaufenden Reihen von Zellen gebildet, deren innere langgestreckt sind, während die äußeren kurz sind; Assimilationsfäden büschelig verzweigt, Endzweige ziemlich kurz, ± gekrümmt, nach außen etwas keulenförmig; unil. Spor. birnförmig oder verkehrt eiförmig am Grunde der Assimilationsfäden, pluril. zylindrisch bis spindelförmig, seitlich an den Assimilationsfäden entstehend, meist einreihig gegliedert.

10—30 cm lang, 1—3 mm dick, mit verlängerten Ästen, die unverzweigt oder mit kurzen abspreizenden Zweigen besetzt sind. Adriatisches Meer, an größeren Algen oder Zostera. (Castagnea fistulosa (Zanard.) Derb. et Sol.). **C. mediterraneus** Kütz.

3. Gattung: **Liebmannia** J. Ag.

Im Habitus u. Aufbau der Gattung Mesogloia sehr ähnlich; unil. Spor. kugelig-oval; pluril. Spor. endständig an längeren oder kürzeren Assimilationsfäden, lanzettlich bis eiförmig lanzettlich, mehrreihig gefächert. Adriatisches Meer. **L. Leveillei** J. Ag.

4. Gattung: **Mesogloia** Ag.

Sproß fadenförmig, verzweigt, fleischig-gallertig; der solide Markkörper aus längsverlaufenden, locker verbundenen, anastomosierenden Zellreihen gebildet, aus denen senkrecht zur Oberfläche büschelig Assimilationsfäden entspringen, die nach unten zu aus tonnenförmigen bis zylindrischen, nach oben zu aus fast kugeligen, größeren Zellen bestehen; unil. Spor. verkehrt eiförmig, am Grunde der Assimilationsfäden (Fig. 31).

Olivbraun, 10—40 cm lang, 1—5 mm dick; Äste zerstreut, unverzweigt oder mit kurzen Zweiglein. Nordsee, Helgoland (Fig. 30, 31).

M. vermiculata Le Jolis.

5. Gattung: **Castagnea** Derb. et Sol. (Eudesme J. Ag.).

Sproß fadenförmig, schlüpfrig, verzweigt, Markschicht von einem Bündel locker oder mehr fest verbundener langzelliger Gliederfäden gebildet, die unterhalb der Spitze durch interkalare Zellteilung wachsen; nach außen zu Büschel verzweigter, kurzer Assimilationsfäden, die durch Gallerte verbunden sind; unil. Spor. am Grund der Assimilationsfäden, verkehrt eiförmig (Fig. 33), pluril. aus den äußeren Gliedern dieser Fäden entwickelt.

Sproß gelblich oliv oder oliv, bis 30 cm lang, bis 2 mm dick, sehr schlüpfrig, Zellreihen der Markschicht sehr locker verbunden; Äste verlängert, kaum merklich gegen die Spitze verdünnt, unverzweigt oder mit kurzen, stumpfen, abstehenden Zweiglein; einjährig, frukt. Frühjahr, Anfang Sommer. Östl. Ostsee; Nordsee, Helgoland, lit. Reg., auf Steinen oder anderen Algen (Fig. 32, 33).

C. virescens (Carm.) Thur.

10—30 cm lang, gallertig, Äste verlängert; Markschicht aus ziemlich fest verbundenen Fäden gebildet, die später auseinanderweichen u. einen engen Hohlraum begrenzen; Rindenfäden ± gabelig büschelig verzweigt. Nordsee, Helgoland, flache Geröllgründe.

C. Griffithsiana (Grev.) Ag.

6. Gattung: **Ulonema** Fosl.

Epiphytisch, kleine, 1—3 mm im Durchmesser haltende Flecken bildend; Fäden kriechend, zuerst zerstreut, dann fast scheibenförmig zusammenschließend; von den kriechenden Fäden gehen nach unten zu $\pm$ verlängerte, öfters in das Gewebe der Wirtspflanze eindringende Rhizoiden aus, nach oben zu dicht gestellte zylindrische oder schwach keulenförmige, unverzweigte Assimilationsfäden, die nach dem Rand der Scheibe zu an Länge abnehmen; unil. Spor. den kriechenden Fäden direkt aufsitzend oder aus der Basis der Assimilationsfäden entspringend, elliptisch bis umgekehrt eiförmig, pluril. an den kriechenden Fäden, mit einreihigen Fächern. Nordsee, Helgoland an Dumontia. **U. rhizophorum** Fosl.

7. Gattung: **Myrionema** Grev.

Sehr kleine flache, kreisrunde bis längliche Polster bildend; basale Zellscheibe einschichtig; aus ihr entspringen kurze, keulenförmige, unverzweigte Assimilationsfäden; unil. Spor. ellipsoidisch oder birnförmig, kurz gestielt der Basalscheibe aufsitzend, pluril. desgl., schotenförmig, wenigstens unterhalb mehrreihig gefächert. Polster bis 5 mm breit, olivbraun, schlüpfrig; westl. Ostsee?; Nordsee, Helgoland; Adriatisches Meer. (M. vulgare Thur.)
M. strangulans Grev.

8. Gattung: **Compsonema** Kuckuck.

Kleine braune Flecken oder Polster; Basalscheibe einschichtig; aus ihr erheben sich zahlreiche unverzweigte, monosiphone, ungefähr 1 mm lange Assimilationsfäden, deren Zellen unten 2—3-mal so lang, oben ungefähr ebensolang als breit sind; Chromatophor eine ausgebuchtete oder zerschlitzte Platte in jeder Zelle; unil. Spor.?, pluril. schotenförmig, bis fast $^1/_5$ mm lang, längsgefächert, ebenso wie die basalwachsenden Haare seitlich ohne Stiel oder mit ein- bis vielzelligem Stiel den Assimilationsfäden angeheftet. Auf Steinen, Adriatisches Meer, Rovigno, lit. Reg. **C. gracile** Kuckuck

9. Gattung: **Microspongium** Reinke.

Kleine Polster, gallertig, flach gewölbt, $\pm$ kreisförmig im Umfang; Basalscheibe anfangs einschichtig, dann zweischichtig, dem Substrat anliegend; aus ihr erheben sich farblose Haare und $\pm$ verzweigte aufrechte Assimilationsfäden, die sich hauptsächlich durch Teilung der Scheitelzelle, weniger durch Teilung der Gliederzellen verlängern; Chromatophoren 1—2, plattenförmig; unil. Spor. eiförmig oder keulenförmig auf kurzem Stiel an den aufrechten Fäden, pluril. ebenso an den Fäden, zylindrisch, aus einer Reihe kurzer Fäden gebildet.

Polster 1—3 mm im Durchmesser, hell- bis dunklerbraun. Westl.
Ostsee, lit. u. sublit. Reg., auf Fucus, seltener auf Muscheln (Fig. 34).
M. gelatinosum Reinke

10. Gattung: **Myriactis** Kütz.

Kleine rundliche Polster bildend; innere Schicht aus rundlichen
bis fast kugeligen Zellen gebildet, Assimilationsfäden mit den größten
Zellen in der Mitte; Sporangien am Grunde der Assimilationsfäden,
unil. keulenförmig-birnförmig, pluril. fadenförmig, einreihig gefächert.
Polster von 1—3mm Durchmesser, schlüpfrig, knorpelig-gallertig.
An Cystosira, im Adriatischen Meer.　　　**M. pulvinata** Kütz.

11. Gattung: **Cylindrocarpus** Crouan.

Polster klein, birnförmig, schwammig-fleischig, wenn epiphytisch
auf Gracilaria wachsend auch öfters zusammenfließend; innere
Schicht markartig, aus langgestreckten vertikalen, chromatophoren-
armen Zellfäden bestehend, die durch dünne Rhizoiden miteinander
verbunden sind; äußere Schicht aus reichverzweigten, verdünnten
Assimilationsfäden gebildet, die Haare u. Sporangien tragen; unil.
Spor. meist eiförmig, pluril. zylindrisch, längsgefächert.
Polster braun, bis 2—6 mm hoch; auf Steinen u. auf Gracilaria,
im Adriatischen Meer.　　　**C. microscopicus** Crouan

12. Gattung: **Leathesia** Gray.

Sproß klein, solide, kugelig oder fast kugelig, oder später hohl,
unregelmäßig gelappt, blasig oder gekröseartig, gallertig-fleischig;
im Inneren große farblose Zellen, nach außen zu dichtgestellt kurze
oder $\pm$ verlängerte Assimilationsfäden; farblose Haare u. Sporangien
am Grunde dieser Fäden; unil. Spor. birnförmig oder ellipsoidisch,
pluril. zylindrisch-fadenförmig, meist nur einreihig gefächert.
1. Assimilationsfäden $\pm$ verlängert.　　　　　　　　　　　　　2.
　　　Assimilationsfäden sehr kurz, 3—4-zellig, etwas keulig; Sprosse
gelbbraun bis olivbraun, später hohl, unregelmäßig gelappt, einzeln oder gehäuft, 1—15 mm im Durchmesser. Einjährig, frukt.
im Sommer. Östl. Ostsee, Danziger Bucht, westl. Ostsee, häufig,
lit., sublit. Reg., an Algen oder Zostera oder auch später freiliegend; Nordsee, Helgoland (Fig. 35).
　　　　　　　　　　　　　　L. difformis (L.) Aresch.
2. Assimilationsfäden vielzellig.　　　　　　　　　　　　　　3.
　　　Assimilationsfäden 4—10-zellig, etwas keulig, locker vereinigt,
Zellen tonnenförmig, ebenso lang oder etwas länger als breit;
Polster olivbraun, solid, kugelig, 1—2 mm im Durchmesser.
Adriatisches Meer, auf Cystosira.　　(Corynophlaea Kütz.)
　　　　　　　　　　　　　　L. umbellata (Ag.) Menegh.
3. Assimilationsfäden hakig zurückgekrümmt, 10—17-zellig, im
unteren Teil aus zylindrischen, im oberen Teil aus rundlichen

Zellen bestehend; halbkugelige Polster von 0,5—2 mm im Durchmesser oder zusammenfließende kleine flache Lager, dunkelbraun, schlüpfrig; unil. Spor. verlängert eiförmig, pluril. fadenförmig. Nordsee, Helgoland, lit. Reg., an Chondrus crispus. (L. concinna Kuck.) **L. crispa** Harv.

Assimilationsfäden nicht hakig gekrümmt, aus gleichartigen, rundlichen Zellen zusammengesetzt; Polster klein, ca. 1 mm im Durchmesser, olivbraun, gallertig-schlüpfrig; pluril. Spor. fadenförmig, ziemlich lang. Im Adriatischen Meer auf verschiedenen Algen und Zostera. **L. Kützingii** Hauck

11. Familie: **Stilophoraceae.**

Sproß fadenförmig, mittelgroß, mit einem zentralen Büschel von Zellreihen, die sich durch Teilung von unterhalb der Scheitelzelle gelegenen Zellen verlängern; ältere Sprosse hohl; um den Zentralkörper eine wenigschichtige Rinde von parenchymatischem Bau, deren Zellen nach außen an Größe abnehmen; aus der Rinde kommen Haare oder kurze sekundäre Zellfäden senkrecht zur Oberfläche hervor, die unverzweigt oder am Grunde verzweigt sind u. die Sporangien tragen.

Bestimmungstabelle der Gattungen:

A. Sekundäre Zellfäden in zerstreut oder gedrängt stehenden Büscheln aus der Rindenschicht; die Büschel bilden Sori (Fig. 37).
1. Stilophora.
B. Sekundäre kurze Zellfäden gleichmäßig die Oberfläche des Sprosses bedeckend (Fig. 38). **2. Halorhiza.**

1. Gattung: **Stilophora** J. Ag.

Sproß gelblichbraun, fadenförmig, verzweigt, ältere Sprosse nach unten zu hohl; am Grunde der sekundären Fäden stehen die Sporangien, unil. verkehrt eiförmig, pluril. zylindrisch (Fig. 37).
1. Bis 30 cm lang, 1 mm dick, pseudodichotomisch u. seitlich verzweigt, Sori am Sproß zerstreut; einjährig, im Sommer frukt. Westl. Ostsee, an Fucus, lit. u. sublit. Reg.; Adriatisches Meer, lit. Reg., an Cystosira usw. (Fig. 36, 37).
Var. papillosa Hauck, im Adriatischen Meer. 1—3 mm dick. Sproß häufig mit zahlreichen kurzen, abstehenden Zweiglein besetzt; Sori häufig sehr dicht stehend.
S. rhizodes (Ehrh.) J. Ag.
2. Der vorigen Art ähnlich, aber Sori zusammenfließend; der Sproß erscheint höckerig, da in der Mitte der Sori die Zellfäden länger sind; unil. u. pluril. Spor. häufig im selben Sorus. Westl. Ostsee.
S. tuberculosa (Fl. Dan.) Reinke

2. Gattung: **Halorhiza** Kütz.

Sproß dunkelbraun, knorpelig, zylindrisch, bis 20 cm lang, bis
2—3 mm dick, unregelmäßig verzweigt; freie Zellfäden keulenförmig.
Westl. Ostsee, lit. Reg., an F u c u s (Fig. 38).   **H. vaga** Kütz.

12. Familie: **Spermatochnaceae.**

Einzige Gattung: **Spermatochnus** Kütz. emend. Reinke.

Sproß fadenförmig, verzweigt, mit Haftscheibe, durch aus-
geprägtes Spitzenwachstum verlängert; im Innern eine einreihige
(monosiphone) Zentralachse aus langen Zellen; nach der Spitze des
Sprosses zu bildet die Zentralachse primäre, kurze Assimilationsfäden (Fig. 40), von deren unteren Gliedern aus ein pseudoparen-
chymatischer, mehrschichtiger Rindenmantel entsteht, der von der
Zentralachse durch eine Schleimschicht getrennt ist; die oberen Zellen
der Assimilationsfäden fallen ab, die unteren Zellen entwickeln ein
kleinzelliges Gewebe, aus dem sekundäre Fäden hervorgehen, die
einen Sorus bilden (Fig. 41); aus der Basis der sekundären Fäden
sprossen die unil. Spor.

Sproß bis 50 cm lang, bis 2 mm dick, reich gabelig oder seitlich
verzweigt, gelblichbraun, etwas knorpelig; Sori stark hervortretend,
an jüngeren Teilen wirtelständig, an älteren zerstreut. Westl. Ostsee,
lit., sublit., an F u c u s, Z o s t e r a (Fig. 39, 40, 41).

S. paradoxus (Roth) Kütz.

13. Familie: **Sporochnaceae.**

Fadenförmig, verzweigt; die Zweigspitzen gehen in ein dichtes
Büschel langer zylindrischer, freier Zellfäden aus, die später abfallen,
unterhalb des Büschels die Zellreihen fest verbunden; der Vegetationspunkt dicht unterhalb des Büschels; Sporangien (nur unil. bekannt) als seitliche Auswüchse dicht gedrängter kurzer, aus Oberflächenzellen hervorwachsender verzweigter Fäden (Sporangienträger)
entwickelt; Sporangienträger keulenförmig, mit großer, birnförmiger
Endzelle.

Bestimmungstabelle der Gattungen:

A. Sporangienträger zerstreute Sori bildend.   **1. Nereia.**
B. Sporangienträger das verdickte Ende kurzer Zweige unter dem
   Fadenbüschel rings bekleidend, eine Art Fruchtkörper bildend.

2. Sporochnus.

1. Gattung: **Nereia** Zanard.

Sproß reichlich verzweigt; Sori zerstreut, warzenförmig, mit
weniggliedrigen Sporangienträgern.

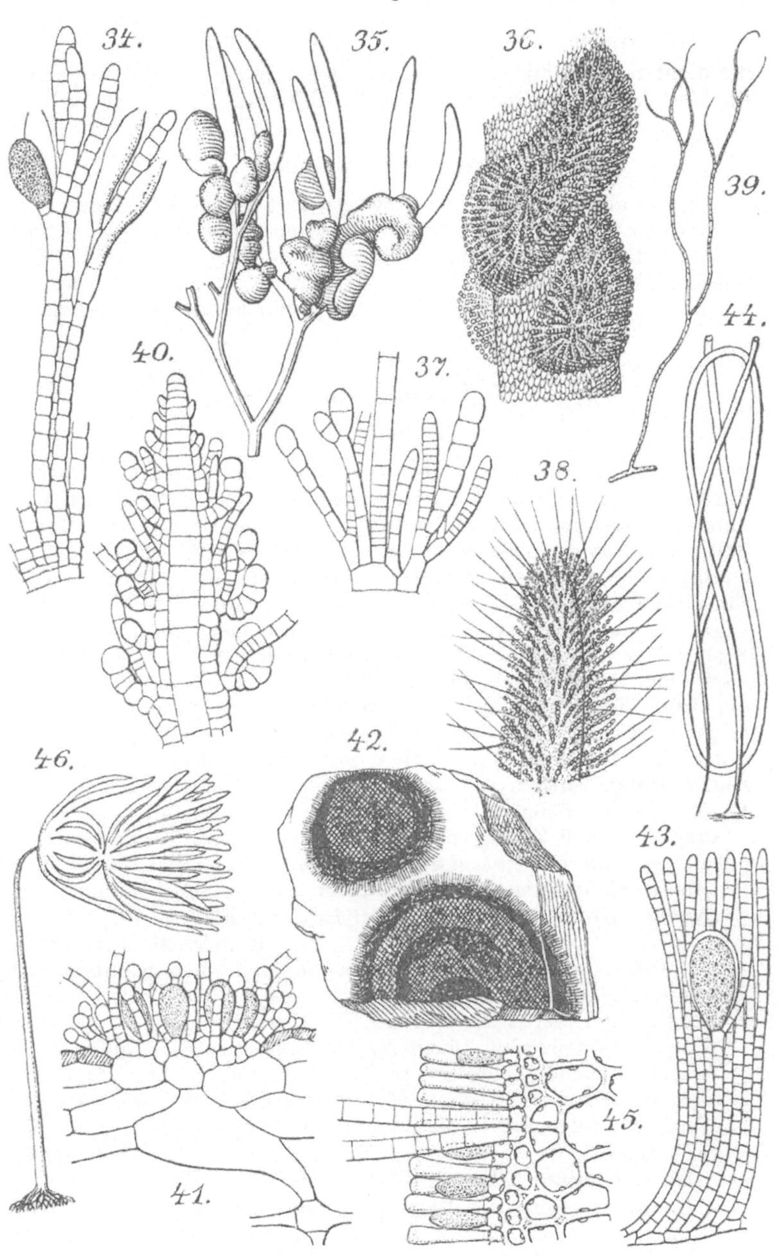
34.
35.
36.
39.
40.
37.
44.
38.
46.
42.
43.
41.
45.

Sproß 10—25 cm lang, olivgelb, 1—2 mm dick, Zweige abstehend, die dichten Fadenbüschel 3—15 mm lang. Adriatisches Meer, untere lit. Reg., an Cystosiren usw. **N. filiformis** (J. Ag.) Zanard.

2. Gattung: **Sporochnus** Ag.

Sproß allseitig reichlich verzweigt, mit deutlicher Sonderung in Kurztriebe u. Langtriebe; aus ersteren entstehen die Fruchtkörper.
Sproß 10—20 cm lang, dünn fadenförmig, die zarten Haarbüschel 1—4 mm lang. Nordsee (Helgoland), lit. Reg.; Adriatisches Meer. **S. pedunculatus** (Huds.) Ag.

14. Familie: **Ralfsiaceae.**

Einzige Gattung: **Ralfsia** Berkl.

Krustenförmig, von lederartiger Konsistenz, flach angewachsen, durch Teilung der Randzellen allseitig vergrößert, zuerst kreisförmig, dann von unregelmäßigem Umfang; von einer basalen horizontalen Zellscheibe streben senkrecht oder ± bogig Zellreihen auf, die parenchymatisch verbunden sind; Kruste meist durch Teilung der Oberflächenzellen vergrößert; farblose Haare einzelne oder in Büscheln; Chromatophor einzeln plattenförmig in den Zellen; auf umschriebenen Stellen der Oberfläche, die äußerlich kleine Polster oder Höcker darstellen, erheben sich dichtgestellt kurze freie Assimilationsfäden, die freie Fortsetzungen der parenchymatisch verbundenen Zellreihen sind (Fig. 43); solche Stellen sind Sori, denn an den Assimilationsfäden stehen die Sporangien; unil. Spor. verkehrt eiförmig bis keulenförmig, seitlich am unteren Teil der Fäden gebildet.
1. Assimilationsfäden zylindrisch, nach oben allmählich etwas verbreitert, bis 6 Zellen enthaltend, deren unterste sehr stark verlängert sind und fast farblos erscheinen; ziemlich dicke, rundliche dunkelbraune Krusten bildend; unil. Spor. verlängert birnförmig. Nordsee, Helgoland, lit. Reg., an Felsen.

R. Borneti Kuckuck

Assimilationsfäden aus etwa gleichlangen Zellen gebildet, häufig etwas keulenförmig. 2.
2. Lederartig feste, dunkelbraune bis schwarzbraune, oft höckerige Krusten bildend, bis 10 cm im Durchmesser, Exemplare oft zusammenfließend, Zellreihen aus der Basalscheibe bogenförmig ansteigend. Obere lit. Reg.; westl. Ostsee, an Holz, Steinen, Muscheln; Nordsee, Helgoland, emergierend, an Felsen; Adriatisches Meer (Fig. 42, 43). **R. verrcosa** (Aresch.) J. Ag.

Dünner, etwas heller von Farbe, bis 1—2 cm im Durchmesser; Zellreihen aus der Basalscheibe ± senkrecht ansteigend. Westl. Ostsee, lit., sublit., an Steinen u. Muscheln; Nordsee, Helgoland, obere lit. Reg. **R. clavata** (Carm.) Farl.

15. Familie: **Laminariaceae.**

Braune, größere bis sehr große Algen, die mit Haftorganen befestigt sind. Sprosse strangförmig ungegliedert oder in stamm- u. blattartige Abschnitte gegliedert. Fortpflanzung nur auf ungeschlechtlichem Wege durch einfächerige, oberflächlich stehende Sporangien, die ganze Schichten auf der Sproßoberfläche bilden (Fig. 45).

Bestimmungstabelle der Gattungen:

A. Sprosse fadenförmig strangförmig, drehrund, unverzweigt von Haftscheiben entspringend. **1. Chorda.**

B. Sprosse in stammförmigen u. blattförmigen Abschnitt gegliedert. **2. Laminaria.**

1. Gattung: **Chorda** Stackh.

1. Sproß olivbraun, bis ca. 3 m lang, hohl, gekammert, in der Jugend mit Haaren bedeckt; einjährig, Sporangienstände zuletzt den ganzen oberen Teil des Sprosses bedeckend. Nord- u. Ostsee, in der lit. u. oberen sublit. Reg., öfters in großen Beständen in der Tiefe von wenigen Metern (Fig. 44, 45). In der Ostsee die f. pumila Reinke mit durchschnittlich nur 10 cm langem Thallus.
C. filum (L.) Stackh., Meersaite.
2. Sproß mit gelbbraunen Haaren bedeckt, kleiner. In der Nordsee, Helgoland, Ostsee nur bei Sonderburg, lit. Reg.
C. tomentosa Lyngb.

2. Gattung: **Laminaria** Lamour.

Sproß olivbraun, sehr groß, mit einem stengelartigen einfachen, ungeteilten unteren u. laubblattartigen oberen Abschnitt, mit starkem, wurzelartig verzweigtem Haftorgan befestigt; Sporangienstände längere oder kürzere Bänder oder große Flecken auf den Blättern bildend.

1. Sproß bandförmig, ungeteilt. 2.
 Sproß eingeschlitzt. 3.
2. Sproß lederartig, bis 3 m lang, bis 30 cm breit, linealisch, am Rande gewellt, langsam in den Stiel verschmälert. Nordsee, Helgoland, bestandbildend, lit. Reg., bei Ebbe freiliegend, in der westl. Ostsee zerstreut in 3—20 m Tiefe. **L. saccharina** (L.) Lamour.
3. Sproß allmählich in den Stiel verschmälert, lederig, bis 3 m lang, tief in ziemlich schmale Bänder zerschlitzt, Stiel lang, ± flachgedrückt. Vorkommen wie bei voriger Art, in der westl. Ostsee in einer Tiefe von 7—30 m (Fig. 47). (L. flexicaulis Le Jol.)
L. digitata (L.) Lamour.

Sproß gegen den Stiel scharf abgesetzt, am Grunde ± herzförmig, breit, bis 2 m lang, lederig, stark eingeschlitzt, Stiel drehrund, nach oben zu allmählich dünner werdend. Nordsee, Helgoland, in etwas größerer Tiefe als vorige Arten (Fig. 46).   (L. Cloustoni Edm.)   **L. hyperborea** (Gunn.) Foslie

16. Familie: **Lithodermataceae.**

Die Arten bilden horizontal ausgebreitete, der Unterlage angewachsene Krusten verschiedener Form u. Größe; aus einer horizontalen Zellscheibe mit Randwachstum erheben sich vertikale, $\pm$ fest verbundene Zellreihen, die nicht oder wenig verzweigt sind und sich hauptsächlich durch Teilung der Oberflächenzellen vergrößern; Chromatophoren klein, scheibenförmig oder 1 Chromatophor; unil. Spor. durch Umwandlung von Oberflächenzellen gebildet, pluril. ebenso oder als seitliche Auswüchse an aus Oberflächenzellen hervorwachsenden kurzen Fäden entstehend.

Bestimmungstabelle der Gattungen:

A. Vertikale Zellreihen locker verbunden, leicht trennbar.
                                                1. Petroderma.
B. Vertikale Zellreihen fest parenchymartig verbunden.
   a) Unil. Spor. in kleinen zerstreuten Sori.   **2. Sorapion.**
   b) Unil. Spor. in großen ausgedehnten Sori.   **3. Lithoderma.**

1. Gattung: **Petroderma** Kuckuck.

Die Art bildet kleine dunkelbraune, zusammenfließende Flecken auf Felsen; in jeder Zelle nur ein plattenförmiges Chromatophor; Sporangien durch Umwandlung von Oberflächenzellen gebildet, unil. länglich oval, unscheinbar, pluril. mehrreihig, variabel, bald sehr regelmäßig kürzer oder länger zylindrisch, bald mehr unregelmäßig, in der Mitte am dicksten oder gleichsam aus 2 oder 3 Sporangien verwachsen.

Krusten 0,5—2 mm im Durchmesser. Nordsee, Helgoland, obere lit. Reg.; westl. Ostsee, Kieler Hafen (Lithoderma maculiforme Wollny).   **P. maculiforme** (Wollny) Kuckuck

2. Gattung: **Sorapion** Kuckuck.

Die Art bildet kleine krustenförmige Scheiben; Chromatophor eine scheibenförmige Platte in jeder Zelle; unil. Spor. birnförmig, aus den Oberflächenzellen entwickelt, in kleinen Sori, pluril. unbekannt.

Kruste wenige mm im Durchmesser. Nordsee, Helgoland, in 5—10 m Tiefe.   **S. simulans** Kuckuck

3. Gattung: **Lithoderma** Aresch.

Dunkelbraun, krustenförmig, angewachsen, von verschiedener Größe; Chromatophoren viele kleine Scheiben in jeder Zelle; Sporangien unbestimmt begrenzte fleckenförmige Sori bildend, unil. aus den

Oberflächenzellen gebildet, oval, ellipsoidisch bis kurz birnförmig, pluril. ebenso gebildet, zylindrisch kegelförmig, nur in der Mitte aus zwei Fachreihen bestehend, oder pluril. seitlich an fast farblosen unverzweigten oder spärlich verzweigten, 3—5-zelligen Trägerfäden, die aus den Oberflächenzellen hervorwachsen.

Kruste bis über 10 cm im Durchmesser, glatt, etwas glänzend, bis 0,5 mm dick; vertikale Fäden 8—12 Zellen lang, Zellen ungefähr halb so lang als breit bis ebensolang als breit. Östl. Ostsee, in 3—15 m Tiefe auf erratischen Blöcken, westl. Ostsee, lit., sublit. Reg. auf Steinen u. Muscheln; Nordsee, Helgoland, 8—15 m Tiefe.

L. fatiscens Aresch.

Anm. Nach der obigen Beschreibung können die pluril. Spor. sehr verschieden sein; Areschoug hat ursprünglich für sein L. fatiscens die zweite der erwähnten Formen angegeben. Kuckuck fand in Helgoland die andere Form auf (pluril. Spor. aus Obeiflächenzellen gebildet) und glaubte, daß die von Areschoug beschriebene Form zu einer anderen Gattung gehöre; er emendierte die Beschreibung von Areschoug und übertrug den Namen Lithoderma auf die von ihm beschriebene Form. Svedelius macht dagegen geltend, daß der einmal von Areschoug gegebene Name Lithoderma für die zuerst beschriebene Form bleiben müsse u. gibt der von Kuckuck beschriebenen Form mit den Sporangien aus den Oberflächenzellen den Namen Pseudolithoderma fatiscens im Gegensatz zu Lithoderma fatiscens Areschoug. Die Verbreitung beider Formen ist unsicher. Da es nun möglich ist, daß bei der sonstigen Gleichheit der Formen ein Dimorphismus in der Ausgestaltung der pluril. Spor. vorliegt, ist hier für beide Formen der Name Lithoderma fatiscens verwandt worden.

Im Adriatischen Meere lebt eine Art, L. adriaticum Hauck, die vielleicht von L. fatiscens nicht spezifisch zu trennen ist; die Kruste ist dicker u. fast schwarz, die Zellen sind fast ebensolang oder wenig kürzer als breit. Ferner ist noch eine seltene, in Europa zerstreut im süßen Wasser auf Steinen in Bächen vorkommende Art zu erwähnen, L. fontanum Flah., die Krusten bis 10—15 cm Durchmesser bildet; aufrechte Fäden aus 15—20 Zellen bestehend.

17. Familie: **Cutleriaceae.**

Sprosse scheibenförmig, horizontal oder aufrecht $\pm$ fächerförmig; Sporangien aus Oberflächenzellen hervorgehend oder kurz gestielt; Gametangien an Stielen oder kurz verzweigten Fäden aus den Oberflächenzellen; ♂ u. ♀ Gameten mit Cilion, an Größe sehr verschieden; regelmäßiger Generationswechsel zwischen einer geschlechtlichen u. ungeschlechtlichen Generation.

Bestimmungstabelle der Gattungen:

A. Geschlechtliche u. ungeschlechtliche Generation ungleich, erstere aufrecht, fadenförmig, letztere horizontal ausgebreitet.

1. Cutleria (Aglaozonia).

B. Geschlechtliche u. ungeschlechtliche Generation horizontal, scheibenförmig.   **2. Zanardinia.**

1. Gattung: **Cutleria** Grev.

Sproß flach, fächerförmig, $\pm$ eingeschlitzt oder dichotom in einer Ebene gespalten, aus wenigen Zellschichten bestehend; Oberfläche mit Büscheln von Haaren; ♂ Gametangien fast sitzend, kurz oder länger gestielt oder an den Enden kurzer verzweigter Trägerfäden, mit 8 Reihen kleiner Zellen, die je einen ♂ Gameten mit 2 Cilien produzieren; ♀ Gametangien ebenso entwickelt, auf anderen Individuen, mit 4—8 Reihen größerer Zellen, die je einen ♀ Gameten mit 2 Cilien produzieren. Aus der Vereinigung eines ♂ u. ♀ Gameten geht eine Form hervor, die früher als selbständige Gattung Aglaozonia beschrieben wurde; diese flach ausgebreitet, ziemlich groß, gelappt, aus wenigen Zell-Lagen bestehend, unterseits mit Rhizoiden befestigt, oberseits mit Haarbüscheln; unil. Spor. auf der Oberseite in fleckenförmigen Sori zahlreich, mit 1—7-zelligem Stiel, 8, selten mehr Sporen erzeugend; aus den Sporen geht wiederum die Cutleria-Form hervor, so daß ein regelmäßiger Generationswechsel herrscht.

Sproß bis 20 cm hoch, olivbraun, häutig, mit filzartiger Basis befestigt, fächerförmig, vielfach gespalten, die Zweige in Fadenbüschel ausgehend; Sori auf der Oberfläche zerstreut (Fig. 48). Aglaozonia-Form = A. parvula (Ag.) Zanard. (A. reptans Kütz.). Adriatisches Meer, untere lit. Reg., an ruhigen Plätzen; Nordsee, Helgoland, in 5—10 m Tiefe, dort häufig in einer confervoiden Form, aus Zellfäden bestehend.   **C. multifida** (Sm.) Grev.

Sproß fächerförmig, bis 10 cm hoch, etwas fleischig, olivgrün, später bräunlich, am Rande gewimpert oder eingeschlitzt; Sori auf der Oberfläche unregelmäßige, zusammenfließende Flecken bildend. Adriatisches Meer.   **C. adspersa** (Roth) De Not.

2. Gattung: **Zanardinia** Nardo.

Sproß flach ausgebreitet, häutig, olivbraun, später lederartig, schwärzlich, mit Rhizoiden anhaftend, am Rande gefranst, in einreihige Fäden aufgelöst, in alten Exemplaren häufig proliferierend, auf der Oberfläche junge Exemplare erzeugend (Fig. 49); ♂ u. ♀ Gametangien auf der Oberfläche derselben Pflanze gemischt, fleckenförmige Sori bildend, mit ein- bis wenigzelligem Stiel, durch Teilung der Endzelle gebildet, ♂ mit zahlreichen kleinen Zellchen in vielen Etagen, die je einen ♂ Gameten erzeugen, ♀ mit weniger Zellen, die je einen ♀ Gameten erzeugen; aus der Vereinigung der Gameten geht eine Pflanze mit ungeschlechtlichen Sporangien hervor, so daß ein

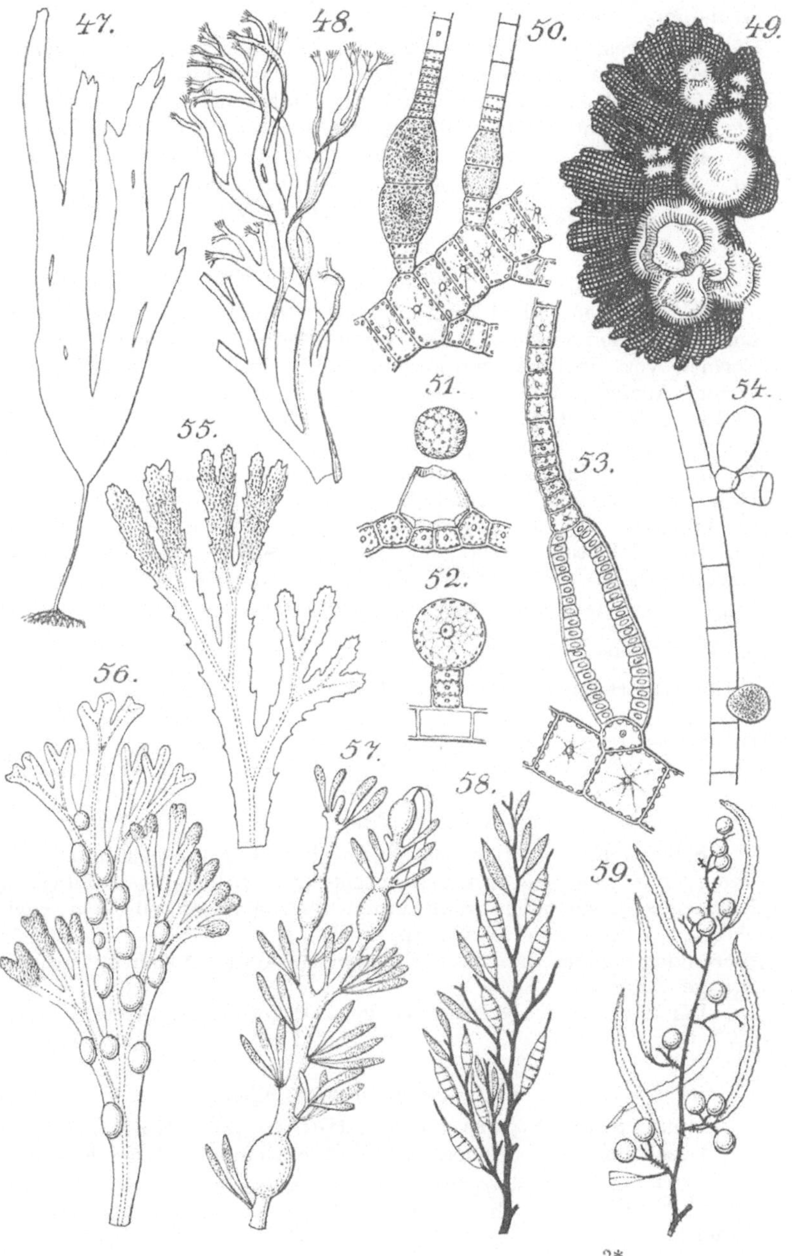

regelmäßiger Generationswechsel zwischen einer geschlechtlichen u. einer ungeschlechtlichen Generation herrscht; sporangienbildende Exemplare von den geschlechtlichen nicht verschieden, unil. Spor. aus Oberflächenzellen hervorgehend, zahlreich zusammenstehend Flecken von dunkler Farbe bildend, je 4 Sporen mit 2 Cilien erzeugend.

4—15 cm im Durchmesser; im Adriatischen Meer auf Steinen, Kalkalgen usw., untere lit. u. sublit. Reg. (Fig. 49).

Z. collaris (Ag.) Crouan

18. Familie: **Tilopteridaceae.**

Kleine Algen, fadenförmig, büschelig wachsend, verzweigt, durchaus monosiphon oder nach unten zu mit mehrreihigen Fäden; mehrere Formen von Fortpflanzungsorganen: 1. unil. Spor., kugelig, eine geringe Anzahl von Sporen erzeugend (Fig. 54, unten (Haplospora Vidovicchii)), 2. pluril. Spor. (event. Antheridien), in der Kontinuität kurzer, haarartig endender Seitenzweige entwickelt, fast keulig, innen hohl, die kleinen schwärmerbildenden Zellen den inneren Hohlraum umgebend (Fig. 53 (Haplospora globosa), Sporangium im Längsschnitt), 3. Monosporangien, deren gesamter Inhalt eine ein- oder vielkernige, nicht aktiv bewegliche Monospore (ohne Cilien) erzeugt (Fig. 50 (Tilopteris), Fig. 51, 52, (Haplospora globosa) Fig. 54, oben (H. Vidovicchii)). Die Sexualität zweifelhaft.

Bestimmungstabelle der Gattungen:
A. Monosporangien in der Kontinuität von Zweigen gebildet (Fig. 50).
1. Tilopteris.
B. Monosporangien sitzend oder gestielt seitlich an den Zweigen.
2. Haplospora.

1. Gattung: **Tilopteris** Kütz.

Schlaff, bleich olivfarben, Sproß büschelig, gegenständig verzweigt, mit nicht sehr deutlich ausgeprägter Scheidung in Lang- u. Kurztriebe, dünn fadenförmig, unten mit mehreren Zellreihen, nach oben zu monosiphon; pluril. Spor. wie oben angegeben; die Monosporangien nehmen dieselbe Stellung ein (also in der Kontinuität von Zweigen, Fig. 50).

Bis 12 cm hoch; Nordsee (Helgoland), in größerer Tiefe.

T. Mertensii (Sm.) Kütz.

2. Gattung: **Haplospora** Kjellm.

(inkl. Scaphospora Kjellm., Heterospora Kuckuck).

Büschelig wachsend, verzweigt, durchaus monosiphon oder unten Sprosse mit mehreren Zellreihen, Zweige in Haare endigend; unil. Spor., pluril. Spor.; Monosporangien mit ein- oder vierkernigen Monosporen.

1. Sproß bis 10 cm hoch, unten mit mehreren Zellreihen; pluril. Spor.
   wie oben angegeben, Monosporangien kurz gestielt oder sitzend
   u. dem Faden etwas eingesenkt. Westl. Ostsee, lit., selten; Nordsee, Helgoland (inkl. Scaphospora speciosa Kjellm.). (Fig. 51,
   52, 53.)   **H. globosa** Kjellm.
2. Kurze verworrene, flockige Rasen oder an ruhigen Plätzen ausgebreitete Watten bis 20 cm Länge bildend, durchaus monosiphon,
   zerstreut verzweigt; unil. Spor. kugelig, sitzend, eine geringe Zahl
   von Schwärmern mit 2 Cilien bildend, Monosporangien auf einzelligem Stiel, häufig zu 2—3 zusammen. Im Adriatischen Meer.
   (Heterospora Kuckuck). (Fig. 54.)
                                      H. Vidovicchii (Kütz.) Born.

19. Familie: **Fucaceae.**

Braune, meist größere Algen, die mit Haftorganen befestigt sind;
Sprosse von verschiedenartiger Ausgestaltung, meist stark verzweigt, die Verzweigungen gleichartig oder in Lang- u. Kurztriebe
gesondert; Fortpflanzungsorgane (Oogonien u. Antheridien) in Konzeptakeln (Scaphidien) gebildet, die flaschenförmige Vertiefungen der
Sproßoberfläche darstellen.

Bestimmungstabelle der Gattungen.

A. Unterer Teil des Thallus verkehrt kegelig bis schüsselförmig,
   bis 5 cm im Durchmesser, gestielt dem Substrat aufsitzend; aus
   dieser Schüssel entspringen riemenförmige bis 1 cm breite, meter-
   lange, gabelig verzweigte Aussprossungen mit den Konzeptakeln.
                                      1. Himanthalia.
B. Thallus nicht in solche verschiedenen Abschnitte geteilt.
   a) Keine Gliederung in deutliche Lang- u. Kurztriebe.
                                      2. Fucus.
   b) Lang- u. Kurztriebe deutlich verschieden.
      α) Große Pflanzen; Sprosse flach, etwas unregelmäßig am
         Rande gesägt; aus den Achseln der Zähne entspringen ein
         bis mehrere Kurztriebe, die Fruchtkörper darstellen.
                                      3. Ascophyllum.
      β) Große Pflanzen; Sprosse schmal, stark verzweigt, zusammen-
         gedrückt zweischneidig; Kurztriebe fast ganz in gekam-
         merte Luftblasen umgewandelt oder in kurze, gestielte
         schotenförmige Fruchtkörper.   **4. Halidrys.**
      γ) Mittelgroße Formen; keine gesonderten Blasen vorhanden,
         sondern diese im Spross, öfters kettenförmig gereiht;
         Konzeptakeln in den ± umgeänderten Endzweigen.
                                      5. Cystosira.
      δ) Mittelgroße Formen; Kurztriebe blattartig; Blasen ge-
         sonderte Organe, aus ganzen Blättern oder aus Abschnitten

der Blätter gebildet; Fruchtkörper einfach oder verzweigt,
von den vegetativen Kurztrieben ganz verschieden.

6. Sargassum.

1. Gattung: **Himanthalia** Lyngb.

Vgl. die Bestimmungstabelle. Nördl. Atl. Ozean, bei Helgoland
nur treibend gefunden.

H. lorea (L.) Lyngb., Riementang.

2. Gattung: **Fucus** L.

Sprosse oliv-braun oder mehr gelblich, bandförmig, gabelig verzweigt, mit linealischen Abschnitten, mit Mittelrippe, am Grunde
schließlich stammähnlich; die Oberfläche von Grübchen, die mit
Haaren erfüllt sind, punktiert; Konzeptakeln (zweigeschlechtlich
oder eingeschlechtlich) in den verdickten, Fruchtkörper darstellenden
Zweigenden.

1. Sprosse am Rande gesägt.   2.
   Sprosse am Rande nicht gesägt.   3.
2. Bis gegen 1 m hoch u. bis mehrere cm breit (breiteste Art), ohne
   Luftblasen, dichotomisch verzweigt; Fruchtkörper flach, nicht
   aufgetrieben. In der Nordsee u. westl. Ostsee verbreitet, in Helgoland massenhaft in der oberen lit. Reg., emergierend, in der Ostsee
   auch tiefer wachsend (Fig. 55).   **F. serratus** L., Sägetang.
3. In der Nord- u. Ostsee.   4.
   In der Adria.   5.
4. Konzeptakeln diözisch; groß, bis 1 m hoch, mit Luftblasen rechts
   u. links von der Mittelrippe, ausdauernd. In der Nord- u. Ostsee
   verbreitet, obere lit. bis obere sublit. Reg., in der Nordsee oft große
   Bestände bildend (Fig. 56). In der Ostsee die f. baltica mit sehr
   schmalem Spross, hier können die Luftblasen fehlen.
                             F. vesiculosus L., Blasentang.
   Konzeptakeln zweigeschlechtlich; Thallus meist niedriger, ohne
   Luftblasen; Fruchtkörper eiförmig, blasig aufgetrieben. Nordsee.
                             F. platycarpus Thur.
5. 10—20 cm hoch; Luftblasen fehlen; Konzeptakeln zweigeschlechtlich. Adriatisches Meer, auf Strandfelsen in der oberen lit. Reg.,
   oft größere Bestände bildend.   **F. virsoides** J. Ag.

.3. Gattung: **Ascophyllum** Stackh.

Bis 1—2 m hoch; Laub von gelbbrauner bis olivgrüner Farbe;
einzelne große Luftblasen im Verlauf des Sprosses; Fruchtkörper oval
oder kugelig, gestielt, mit Konzeptakeln bedeckt. In Helgoland auf
Granitblöcken, obere lit. Reg. (Fig. 57). In der westl. Ostsee eine
sterile Form, f. scorpioides, blasenlos, mit verlängerten fadenförmigen Ästen.   **A. nodosum** (L.) Le Jolis

4. Gattung: **Halidrys** Lyngb.

Bis 1—2 m hoch; Laub von gelbbrauner Farbe, rippenlos; Kurztriebe in gekammerte, gliederartig eingeschnürte, gestielte Luftblasen umgewandelt. In der Nord- u. westl. Ostsee in der lit. Reg., oder in der Ostsee in der sublit. Reg. (Fig. 58).

H. siliquosa (L.) Lyngb.

5. Gattung: **Cystosira** Ag.

Verzweigungen des stammähnlichen unteren Teiles ± deutlich in Lang- u. Kurztriebe gesondert; Konzeptakeln in ± umgeänderten Endzweigen. Viele Arten in den wärmeren Meeren, eine Anzahl im Adriatischen Meer, besonders in der unteren lit. Reg. an Felsen, oft Bestände bildend, C. barbata (Good. et Woodw.) Ag., bis meterlang, mit langen u. dünnen Ästen, mit länglichen, oft kettenförmig gereihten Luftblasen, C. ericoides (L.) J. Ag., bis 40 cm hoch, starrer, die Sprosse reich mit kurzen Dornästchen besetzt, C. discors (L.) Ag., bis 60 cm hoch, mit zweizeilig verzweigten, zusammengedrückten Ästen.

6. Gattung: **Sargassum** Ag.

Von dieser in den wärmeren Meeren außerordentlich formenreichen Gattung kommen im Adriatischen Meere zwei Arten vor.
1. Sprosse bis meterlang, zu mehreren aus einem kurzen Stamme, dünn, fast stielrund, ±gestachelt, Blätter von wechselnder Breite u. Größe, bis 8 cm lang, linealisch-lanzettlich, schwach gezähnt; Luftblasen bis fast 1 cm im Durchmesser. Untere lit. u. sublit. Reg. (Fig. 59). **S. linifolium** (Turn.) Ag.
2. Sprosse bis 60 cm lang, nach unten zu zweischneidig, nach oben zu zusammengedrückt; Blätter bis 8 cm lang, grob u. unregelmäßig gezähnt. Untere lit. Reg. **S. Hornschuchii** Ag.

IX. Klasse: **Dictyotales.**

Familie: **Dictyotaceae.**

Hell- bis dunkelbraune oder olivfarbene Algen, dünnhäutig bis derbhäutig; Sprosse aufsteigend oder aufrecht, von sehr verschiedener Form; das Sproßwachstum wird durch eine Scheitelzelle oder Scheitelkante bewirkt; Sprosse von parenchymatischer Natur, Zellen der Außenschicht kubisch, kleiner als die der Innenschicht; ungeschlechtliche Fortpflanzung durch Tetrasporen, nackte, unbewegliche Aplanosporen, die zu vier in einem Sporangium entstehen, das oberflächlich der Rindenschicht ansitzt (Fig. 65); geschlechtliche Fortpflanzung durch Oogonien und Antheridien, Oogonien birnförmig bis fast kugelig, in oberflächlichen Sori (Fig. 62), Antheridien ebenfalls in

Sori (Fig. 64), mit zahlreichen, sehr kleinen Fächern; Spermatozoiden
rundlich mit einer langen Geißel (Fig. 63), die ins Wasser austretenden
Eier befruchtend; Tetrasporen- u. Geschlechtsgenerationen wechseln
in regelmäßigem Entwicklungsgang miteinander ab.

Bestimmungstabelle der Gattungen.

A. Sprosse mit einer Scheitelzelle wachsend.   **1. Dictyota**
B. Sprosse mit einer Scheitelkante wachsend.
   a) Sprosse mit deutlicher Mittelrippe.   **2. Dictyopteris**
   b) Sprosse ohne deutliche Mittelrippe.
     α) Sproß fächerförmig ausgebreitet, oft $\pm$ zerschlitzt.
                                           3. Padina
    β) Sproß dichotomisch bis polytomisch eingeschnitten, mit
      linealischen bis keilförmigen Abschnitten. **4. Taonia**

1. Gattung: **Dictyota** Lamour.

Der basale Abschnitt rhizomartig, von Rundtrieben gebildet,
die an den Spitzen in die flachen bandartigen Sprosse übergehen,
Sprosse aufrecht, ohne Mittelrippe, mit charakteristischer Scheitelzelle, durch deren Dichotomie die Sprosse sich gabelig verzweigen
(Fig. 61); Innenschicht eine Zellage, die von je einer Lage kleinerer
Außenschichtzellen bedeckt wird; Haarbüschel zerstreut; Oogonien
(Fig. 62) und Antheridien (Fig. 64) in zerstreuten Sori auf beiden
Seiten der Hauptsprosse, die Arten zweihäusig; Tetrasp. (Fig. 65)
einzeln oder in Gruppen zerstreut.
1. Sprosse gelbbraun, in 10—20 cm hohem Rasen, häutig, dünn,
ziemlich regelmäßig in einer Ebene dichotom verzweigt, Abschnitte 2—8 mm breit, ihre Enden stumpf abgerundet oder gabelig; 1 jährig; frukt. Sommer bis Herbst. Adriatisches Meer, lit.
Reg., an Felsen; Nordsee Helgoland, obere lit. Reg., in der Ostsee
fehlend (Fig. 60); f. implexa Rasen oft verworren, Abschnitte
sehr schmal, verlängert, oft nur $\frac{1}{2}$ mm breit, oft gedreht. Adriatisches Meer.   **D. dichotoma** (Huds.) Lamour.
2. In verworrenen Rasen wachsend, 5—12 cm hoch, reich verzweigt,
Abschnitte schmal, bis 2 mm breit, abstehend, am Ende stumpf;
Fortpflanzungsorgane in Gruppen, die in der Mitte des Sprosses
in eine Längslinie gestellt sind. Adriatisches Meer, untere lit. u.
sublit. Reg.   **D. linearis** (Ag.) Grev.
3. Rasen am Grunde proliferierend, ein basales Fasergeflecht
bildend, 6—10 cm hoch, Sprosse etwas derbhäutig, Abschnitte
1—3 mm breit, öfters gedreht, Endabschnitte allmählich verschmälert u. spitz; Fortpflanzungsorgane meist in Gruppen, die
eine Längslinie in der Mitte des Sprosses bilden. Adriatisches
Meer, untere lit. u. sublit. Reg., besonders an Cystosiren usw.
                    D. fasciola (Roth) Lamour.

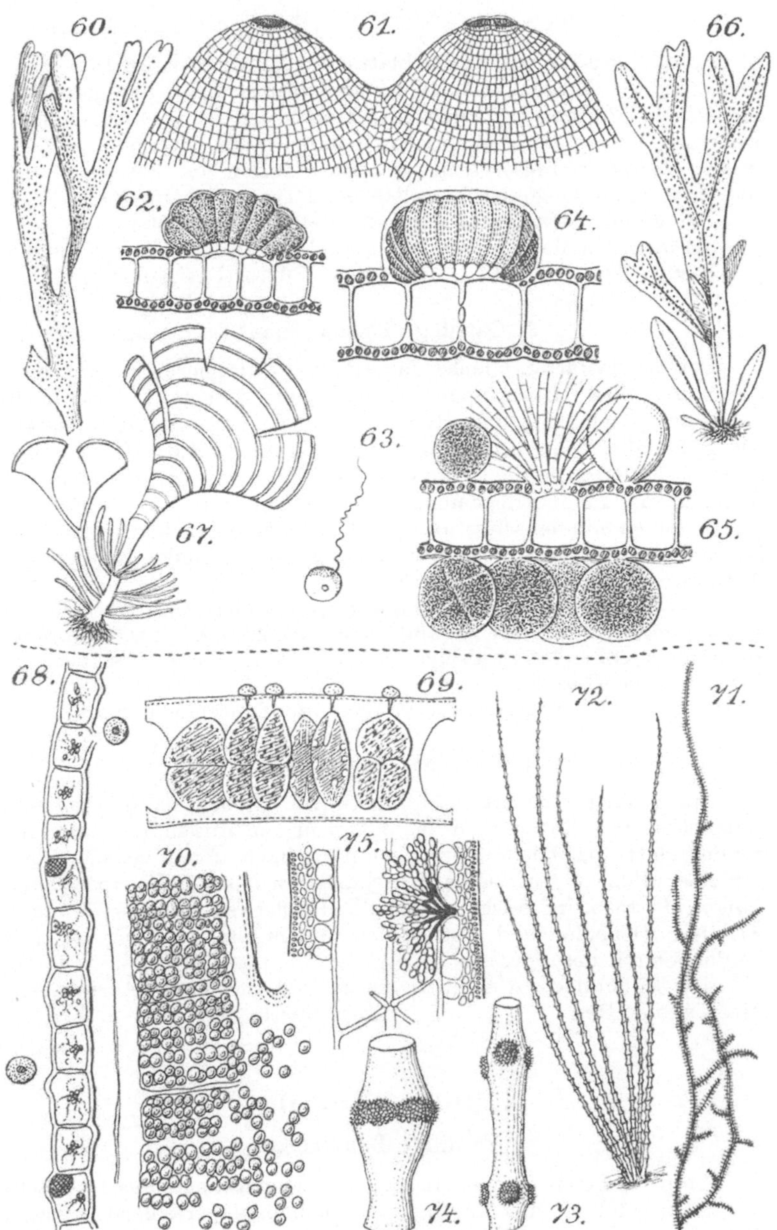

2. Gattung: **Dictyopteris** Lamour.   (Haliseris Targ. Tozz.)

Sproß fucusähnlich, flach, blattartig, häutig, mit deutlich hervortretender, starker, mehrschichtiger Mittelrippe, unregelmäßig oder regelmäßig gabelig verzweigt, nach unten zu stielförmig, fast drehrund, mit einem Filz von Haftern befestigt; Haarbüschel zerstreut; Fortpflanzungsorgane auf beiden Seiten des Thallus neben der Mittelrippe, Oogonien einzelstehend, Tetrasp. haufenweise.

10—30 cm hoch, mit 3—15 mm breiten Abschnitten.

Adriatisches Meer, untere lit. u. sublit. Reg. (Haliseris polypodioides Ag.) (Fig. 66).   **D. polypodioides** (Desf.) Lamour.

3. Gattung: **Padina** Adans.

Sproß blattartig, flach, fächerförmig ausgebreitet, oft eingeschlitzt, ohne Mittelrippe, mit halbkreisförmigem Umriß, nach unten zu spatelförmig, mit Rhizoiden angeheftet; vom Hauptsproß aus gleichfalls fächerförmige Seitensprosse ausgehend; Haarbüschel in Querbändern, die dem Rande ± parallel verlaufen; Tetrasp. im Anschluß an die Haarleisten in bandförmigen Streifen, ebenso wie die Oogonien nur einseitig am Sproß; Oogonien in konzentrischen Doppelbändern, die durch radiäre, markstrahlförmige Reihen der Antheridiensori unterbrochen werden.

5—15 cm hoch, bräunlich olivgrün mit dunkleren oder helleren Zonen (letztere öfters mit Kalkinkrustation), häufig ± trichterförmig zusammengerollt.   Adriatisches Meer, sehr häufig in der felsigen Literalregion (Fie. 67).

P. pavonia (L.) Lamour. (Orecchio di mare).

4. Gattung: **Taonia** J. Ag.

Sproß flach, fächerförmig im Umriß, dicho- bis polytomisch zerspalten, mit linealischen bis keilförmigen Abschnitten, Seitenränder glatt, gezähnelt oder gewimpert, nach unten verschmälert, mit einem Filz von Haftfasern; Haarbänder in dem Rande ± parallelen Zonen; Tetrasp. im Anschluß an die Haarleisten in wellenförmigen Streifen; Oogonien und Antheridien in dictyotaähnlichen Sori auf beiden Seiten des Sprosses.

10—30 cm hoch, Abschnitte meist 5—20 mm breit. Adriatisches Meer, sublit. Reg.   **T. atomaria** (Woodw.) J. Ag.

X. Klasse: **Bangiales.**

Familie: **Bangiaceae.**

Sproß aufrecht fadenförmig, oder blattartig flach, aus 1—2 Zellschichten gebildet, oder kugelig-hohl, schließlich zerreißend u. flach; Zellen meist mit einem sternförmigen Chromatophor mit zentralem

Pyrenoid oder selten (Porphyropsis) mit der Wand anliegendem plattenförmigem Chromatophor, ohne Pyrenoid; neben Teilung der Endzellen auch überall Teilung der Gliederzellen; Färbung der Sprosse rot bis purpurfarbig oder blaurot bis blaugrün; ungeschlechtliche Fortpflanzung durch unbewegliche Monosporen, die einzeln in den Zellen gebildet werden und nach ihrem Austritt vor der Keimung amöboiide Bewegungen ausführen können; sie entstehen bei Bangia u. Porphyra aus gewöhnlichen Zellen des Sprosses, die sich auch vorher noch mehrfach in gleiche Tochterzellen teilen können, bei Erythrotrichia u. Porphyropsis dagegen wird durch ungleiche Teilung einer Sproßzelle eine kleinere inhaltsreichere Monosporen-Mutterzelle entwickelt (Fig. 68); nach Austritt der Monospore kann die größere, inhaltsärmere Zelle den ganzen Raum wieder ausfüllen und eine neue Teilung kann beginnen; geschlechtliche Fortpflanzung durch Spermatien u. Oogonien; die nackten, unbeweglichen Spermatien entstehen durch wiederholte Teilung von Sproßzellen; aus einer Mutterzelle können bis 64 Zellen entstehen, die je ein nacktes Spermatium entlassen (Fig. 70); bei Erythrotrichia werden die Spermatienzellen wie die Monosporenzellen abgeschnitten. Die Oogonien sind etwas vergrößerte Sproßzellen; diese entsenden nach außen häufig papillenartige Fortsätze, die bei größerer Länge ganz trichogynähnlich werden können; an den Außenwandungen oder an den Fortsätzen haften die passiv genäherten Spermatien, es entsteht eine Verbindung zwischen männlicher und weiblicher Zelle u. die Befruchtung findet statt (Fig. 69). Bei Erythrotrichia verläßt der ganze Inhalt als nackte Zelle nach der Befruchtung das Oogonium, bei Bangia u. Porphyra werden aus der Oospore durch Teilung erst 8 Zellen gebildet, die man wohl als Karposporen wie bei den Florideae bezeichnen kann (Fig. 69).

Bestimmungstabelle der Gattungen:

A. Monosporen in ursprünglich vegetativen Sproßzellen (eventuell nach ein- bis mehrfacher gleicher Teilung) gebildet.
    a) Sproß fadenförmig.   **1. Bangia**
    b) Sproß blattartig   **2. Porphyra**
B. Monosporen in kleinen Zellen gebildet, die durch ungleiche Teilung von Sproßzellen entstehen.
    a) Chromatophor eine mehrfach zerschlitzte u. ausgebuchtete, der inneren Zellwand anliegende Platte; kein Pyrenoid.
                3. Porphyropsis
    b) Chromatophor sternförmig, mit Pyrenoid.   **4. Erythrotrichia**

1. Gattung: **Bangia** Lyngb.

Sproß fadenförmig, unverzweigt, stielrund; anfangs ein einfacher Faden, wird der Sproß später nach dem Grunde oft stielförmig, mit Rhizoiden aus den Zellen, nach oben zu finden Teilungen statt.

1. Gliederung in den älteren Fäden undeutlich; Teilung der Zellen
'durch antikline Wände, die $\pm$ bis in die Fadenmitte reichen; durch
Aufquellen der inneren Membranteile wird der Sproß öfters etwas
röhrig.   2.
   Ältere Fäden deutlich transversal gegliedert; Teilung der
ursprünglichen Fadenzellen nach allen Richtungen, wobei aber
die Gliederzellen deutlich bleiben; in dichten Rasen an Felsen,
6—7 cm hoch, untergetaucht purpurn, austrocknend gelblich;
junge Fäden gerade, ältere gedreht, bis 100—120 μ dick, am Ende
verdickt. Westl. Ostsee, Swinemünde, lit. Region, auch zeitweise
trocken liegend, ebenso östl. Ostsee, bei Danzig.
                                               B. pumila Aresch.
2. Junge Sprosse fast gerade, ältere gekrümmt, bis 7—10 cm lang,
zart, dünn, dunkel lila oder schwarzpurpurn, rasig wachsend.
Im Süßwasser besonders an Holz von Mühlen usw., in Deutschland
vorzugsweise im Westen, Österreich.
                                       B. atropurpurea (Roth) Ag.
   Sprosse fein u. schlaff, purpurn oder braunrot, rasig wachsend,
3—15 cm lang. Nordsee, Helgoland, lit. Reg., an Steinen u. Holzwerk; Adriatisches Meer, lit. Reg.
                                   B. fuscopurpurea (Dillw.) Lyngb.

2. Gattung: **Porphyra** C. Ag.

Sproß blattartig flach, sehr dünn, schlüpfrig, nicht eingeschnitten, oder gelappt oder gespalten, mit einer kleinen Basalscheibe angeheftet, ein- oder zweischichtig; die Blattscheibe entwickelt
sich aus einem ursprünglich einfachen Zellfaden.
1. Blattähnlicher Spross einschichtig.   2.
   Blattähnlicher Spross zweischichtig.   3.
2. Sproß ziemlich groß bis groß (bis 30—40 cm lang), von unregelmäßigem Umriß, violettpurpurfarbig, vom Grund aus langsam
oblong verbreitert, ganzrandig oder oben eingeschnitten. Nordsee,
Helgoland, an Felsen oder anderen Algen; Adriatisches Meer (P.
leucosticta Thur.) (Fig. 69).
                                 P. atropurpurea (Olivi) De Toni
   Sproß klein, sitzend, sehr zart, am Grunde wellig gekräuselt,
dann kreisförmig, 1,5 cm lang. An Gelidium im Adriatischen
Meer.   **P. minor** Zanard.
3. Sproß sehr breit, von unregelmäßigem Umriß, wellig-faltig,
$\pm$ gelappt oder eingeschlitzt, violettrot, rotbraun oder mehr
blaugrün, bis über 15 cm hoch. Nordsee, Helgoland, lit. Reg., an
Holzwerk oder Steinen (Fig. 70).
                                 P. laciniata (Lightf.) Ag.
4. Sproß linealisch-lanzettlich, purpurfarben, 7—10 cm hoch, am
Rande kaum wellig. Nordsee, Helgoland. **P. linearis** Grev.

3. Gattung: **Porphyropsis** Rosenv.

Sproß zuerst polsterförmig, dann blasenförmig, kugelig hohl, schließlich zerreißend, flach, einschichtig, lappenförmig.

Sproß 1—5 cm groß, rundlich oval, rosenrot, sehr zart. Nordsee, Helgoland, sublit. Reg. von 5 m Tiefe an, an Desmarestia, Polyides usw. **P. coccinea** (J. Ag.) Rosenv.

4. Gattung: **Erythrotrichia** Aresch.

Sproß aufrecht, fadenförmig, einreihig oder etwas verbreitert; beliebige Zellen im Faden werden fertil.

Sehr zart, rasig wachsend, Fäden rosenrot, bis 3 cm lang, meist kürzer, einreihig, unverzweigt, Zellen 15—25 μ dick, so lang oder 1½ mal so lang als breit. Auf verschiedenen Algen epiphytisch; westl. Ostsee, sublit. Reg.; Nordsee, Helgoland; Adriatisches Meer (Fig. 68). Im Adriatischen Meere auch die Forma investiens (Bangia investiens Zanard.), bei der die Fadenzellen öfters längsgeteilt sind. **E. ceramicola** (Lyngb.) Aresch.

Zweifelhafter Stellung: **Porphyridium** Naeg.

An der Luft lebend. Lager flach, in feuchtem Zustande klebrigschleimig, von Florideen-Farbstoff rot, etwa von der Farbe geronnenen Blutes; Zellen kugelig gerundet, in gemeinsamer Gallerte regellos verteilt, 5—10 μ im Durchmesser, Membran dünn, Chromatophor ungefähr kugelig, durch (in wechselnder Zahl vorhandene) Schleimvakuolen öfters $\pm$ sternförmig eingedrückt, mit zentralem Pyrenoid; Florideenstärke vorhanden; Vermehrung durch Zweiteilung der Zellen; größere Dauerzellen (bis 15 μ im Durchmesser) als vegetativer Ruhezustand.

Auf mineralhaltiger Unterlage, nicht auf Holz, in Europa verbreitet. **P. cruentum** Naeg.

XI. Klasse: **Rhodophyceae.**

1. Familie: **Thoreaceae.**

Die Familie nimmt unter den Florideae eine zweifelhafte Stellung ein, da bisher keine Karpogonien bekannt geworden sind. Zur Charakteristik vgl. die einzige Gattung:

Thorea Bory.

Sproß dünn, gallertig weich, reichlich seitlich verzweigt, längere Zweige mit kurzen Seitenzweiglein, von gefärbten Haaren filzig; Rinde mit Assimilationsfäden, die büschelig von einer Basalzelle ausstrahlen; ein Teil der Fäden wächst zu den langen Haaren aus, die aus der verbindenden Gallerte herausragen; Zentralkörper außen mit Längsfäden, innen auch mit viel Querfäden, so daß ein verworrenes Markgewebe entsteht; an den kürzeren Assimilationsfäden schwillt die Endzelle an u. bildet aus ihrem ganzen Inhalt eine kugelige Monospore.

Sprosse 1—1½ mm dick, bis ½ m lang, blaugrün oder schwarzgrün, trocken bis rotviolett. Im süßen Wasser, besonders in Westdeutschland, im Rhein, Neckar, ferner bei Berlin in der Spree; weitzerstreut in Europa, auch in Amerika (Fig. 71).

T. ramosissima Bory

2. Familie: Lemaneaceae.

Zur Charakteristik vergleiche die einzige Gattung unseres Gebietes:]

Lemanea Bory.

Die Arten sind gewöhnlich dunkel gefärbt, braun bis schwarz u. leben im schnellfließenden süßen Wasser, besonders in klaren Gebirgswässern; Sprosse in Gruppen, meist unverzweigt, borstenartig, knotig verdickt, an chantransiaartigen feinfädigen Gebilden seitlich entwickelt; monosiphoner Zentralfaden mit wirteliger Verzweigung; die Wirtel berühren sich in der Längsrichtung und bilden hier die knotigen Verdickungen; an der Zentralstelle 4 Wirteläste, deren unterste Zelle (Stützzelle) durch einige Verbindungszellen mit der dreischichtigen Rinde verbunden ist, deren äußere Zellen klein u. stark gefärbt sind (Fig. 76); um die Zentralachse liegt so ein Hohlraum; außerdem gehen von der Stützzelle Längsfäden mit allmählich kürzer werdenden Zellen aus; an den Knoten begegnen sich die Längsfäden der benachbarten Wirtel; oft gehen von der Stützzelle noch Hyphen aus, die den Zentralfaden umschlingen; die Antheridien stehen an den Knoten, sie bilden dort geschlossene Ringbänder oder getrennte Flecken (Fig. 73, 74); von den Längsfäden entspringen die Karpogonäste; die befruchtete Eizelle wächst nach innen in den Hohlraum zum Gonimoblasten aus, dessen Karposporen kettenartig gereiht sind (Fig. 75); die Karposporen werden durch Zerfallen des Muttersprosses frei.

1. Zentrale Zellreihe von 2 bis vielen Umhüllungsfäden spiralig umlaufen; Antheridienlager ein regelmäßiges oder unregelmäßiges, zusammenhängendes oder unterbrochenes Band bildend.   2.

   Zentrale Zellreihe nackt; Antheridienlager in Form von Punkten, runden oder formlosen Flecken zu 2—8 an den Knoten (Untergatt. Sacheria).   5.

2. Antheridienlager ein geschlossenes, breites Band bildend.   3.

   Antheridienlager ein sehr schmales, unregelmäßiges, ununterbrochenes oder unterbrochenes Band bildend.   4.

3. Knoten zur Reifezeit dick, rund, fast kugelig; Haftorgan (Chantransia-Form) 2—4 mm hoch; Sprosse hellgrün, olivgrün bis

schwarzviolett, 5—12 cm; Antheridienband unregelmäßig. Auf Steinen in Mitteldeutschland u. Süddeutschland.

L. nodosa Kütz.

Knoten ± scharfkantig; Sprosse dunkelviolett, trocken schwarz, 8—15 cm hoch, bis 2 mm dick; Antheridienband gleichmäßig, auf der Mitte der Knoten. Wie vorige.

L. annulata Kütz.

4. Sprosse bis 30 cm hoch, oliv bis violett, trocken schwärzlich, in großen Rasen, meist gerade, regelmäßig wellig-eingeschnürt. In Bergbächen (Fig. 72).   L. catenata Kütz.

Sprosse 5—8 cm hoch, olivbraun, in großen Büscheln, leicht gebogen, an der Oberfläche leicht gewellt; Antheridienband schmal, oft unterbrochen. In Bächen u. Flüssen.

L. torulosa (Roth) Ag.

5. Antheridienlager regelmäßig gestellt.   6.

Antheridienlager in Form von unregelmäßig zerstreuten Höckern; Sprosse dicht rasig wachsend, ± gekrümmt, Knoten wenig hervortretend, ziemlich weit getrennt; 2—9 cm hoch, 1 mm zirka dick. In reißenden Gewässern des Riesengebirges. (L. Kalchbrenneri Rabenh.)   L. sudetica Kütz.

6. Junge Sprosse rot, reife grün, oliv bis dunkelviolett, trocken bis schwarz violett, verzweigt oder einfach, in kleinen Rasen oder größere Flecken dicht bedeckend, bis 15 cm u. darüber hoch, ½—1½ mm dick, Stiel meist deutlich abgesetzt; Antheridienlager 2—6 quirlig gestellt, flach bis warzenförmig. In mehreren Formen in den meisten Gebirgsbächen, in Wässern verschiedener Schnelligkeit. (L. Thiryana Wartm.) L. fluviatilis (Dillw.) Ag.

Sprosse braunrot, trocken dunkelrot, steif knorpelig, in einen kurzen Stiel übergehend, meist gekrümmt oder mehrfach stark gebogen; Antheridienlager zu 2 gegenständig, dunkelrot, zuweilen zusammenfließend. In Thüringen an Porphyrfelsen in Bächen.

L. rubra (Bornem.) De Toni

3. Familie: Helminthocladiaceae.

Sprosse fadenförmig, meist stielrund, meist gallertig, gelegentlich mit Inkrustation von Kalk; die Spitze wächst mit einer quergegliederten Scheitelzelle oder mit fächerförmig ausstrahlenden Zellreihen; die befruchtete Eizelle wächst zum Gonimoblasten aus, dieser ein dichtes Büschel verzweigter Fäden, dem Sproß außen aufsitzend oder meist der Rinde eingesenkt, nackt oder von Hüllfäden umgeben. Tetrasp. sehr selten bekannt; bei Chantransia Monosporangien.

Bestimmungstabelle der Gattungen:

A. Sproß klein, aus unregelmäßig verzweigten Zellfäden gebildet.

1. Chantransia

B. Sproß mit monosiphoner Zentralachse, mit Wirteln von Kurztrieben; die zentrale Zellreihe häufig nachträglich durch von den
Kurztrieben herablaufende Zellfäden ± berindet.

2. Batrachospermum

C. Längsverlaufende, verzweigte Zellfäden mit langen u. dünnen,
wenig gefärbten Zellen bilden einen meist ziemlich festen oder
mehr lockeren Zentralkörper (Mark); von diesen Zellfäden gehen
in fast senkrechter Richtung kurze, reich verzweigte Fadenbüschel
aus, die ± dicht zusammenschließen u. eine assimilierende Rinde
bilden, ihre Zellen sind kurz u. führen Chromatophoren.
 a) Gonimoblast ohne Hüllfäden, Karpogonzweig von dem vegetativen Tragzweig wenig deutlich abgesetzt. **3. Nemalion**
 b) Gonimoblast von kurzen Hüllfäden umgeben.
  α) Rindenschicht mit Kalkeinlagerung. **4. Liagora**
  β) Rindenschicht ohne Kalkeinlagerung.
   I. Markfäden fest verbunden. **5. Helminthora**
   II. Mark aufgelockert. **6. Helminthocladia**

1. Gattung: **Chantransia** (DC.) Schmitz.

Meist sehr kleine, rasig wachsende Pflänzchen; Sproß aus unregelmäßig verzweigten, monosiphonen Fäden gebildet, deren Endzellen
häufig haarförmig sind; an den Ästen stehen seitlich Monosporangien
(Fig. 78), die eine unbewegliche Monospore erzeugen, das Vorkommen
von Tetrasp. ist zweifelhaft; Karpogonzweig 1—3zellig, Gonimoblast
klein.
1. Fäden schwach verzweigt.   3.
 Fäden reicher verzweigt.   2.
2. Rosenrot, bis 3 mm hoch, rasige Überzüge an Algen bildend;
Fäden aus einer Zellfläche entspringend, von unten ab verzweigt,
10—16 μ dick, Verzweigungen aufrecht; Monosporangien einzeln
oder zu 2—3, sitzend oder gestielt, an Stelle von Zweiglein. (Östl.
Ostsee?); Westl. Ostsee, lit., sublit. Region; Nordsee, Helgoland;
Adriatisches Meer. (Callithamnion virgatulum Harv.) (Fig. 79.)

C. virgatula (Harv.) Thur.

Ähnlich der vorigen Art, aber gewöhnlich niedriger, die Verzweigung der Fäden beginnt erst höher hinauf, meist von der
Mitte an, Fäden ziemlich gleichhoch verzweigt; Monosporangien
sitzend oder gestielt, an den Zweigen gereiht. Westl. Ostsee, lit.,
sublit. Region; Nordsee, Helgoland; Adriatisches Meer.

C. secundata (Lyngb.) Thur.

3. Die Alge bildet mikroskopisch kleine Büschel auf Porphyra
laciniata; von einer kugeligen Basalzelle entspringen nach unten
verzweigte, im Gewebe der Wirtspflanze kriechende Fäden, nach
oben ein bis wenige aufrechte, wenig verzweigte Fäden, die öfters
in ein Haar endigen; Gonimoblast ein endständiger Sporenhaufen
auf kurzen Zweigen. Nordsee, Helgoland, im flachen Wasser.

C. microscopica (Näg.) Batters var. **pygmaea** Kuck.

Die Alge bildet auf Cystosiren purpurrote Räschen; Fäden einfach oder wenig verzweigt, aus niederliegenden Fäden entspringend. (Callithamnion minutissimum Zanard.) Adriatisches Meer.

C. minutissima (Zanard.) Hauck

2. Gattung: **Batrachospermum** Roth.

Sproß stielrund, gallertig schlüpfrig, Zentralachse mit quergegliederter Scheitelzelle wachsend, aus langgestreckten Zellen gebildet, Zellen mit Wirteln von büschelig verzweigten Kurztrieben. die aus kurzen Zellen gebildet sind; diese Büschel durch Verlängerung der Zentralachsenzellen auseinandergerückt, daher perlschnurartiges Aussehen des Sprosses (Fig. 77); von ihnen laufen oft an den langen Zellen rindenartig bekleidende Zellfäden herab, die wiederum kleine Zweiglein ausgehen lassen können. Antheridienstände wenigzellig an Kurztriebzweigen; Karpogonzweige endständig, Trichogyn keulenförmig; Hüllfäden des rundlichen Gonimoblasten schwach entwickelt. Aus der von kriechenden Fäden gebildeten Sohle des Sprosses wachsen zunächst feine unregelmäßig verzweigte Zellfäden hervor, an denen sich die Batrachospermum-Sprosse entwickeln (Fig. 78); diese Formen wurden als Chantransia-Arten beschrieben (C. chalybea Fr., C. pygmaea Kütz. usw.); sie tragen Monosporangien. Im süßen Wasser, besonders in klaren schnellfließenden Bächen u. Flüssen.

1. Sehr kleine, bis ½ cm große Art. 4.

Größere, über 2 cm hohe Arten. 2.

2. Internodien ziemlich kurz, Wirtel genähert. 3.

Internodien verlängert, die Zweigwirtel nur schwach entwickelt; Sprosse sehr zart, von braun-schwarzer Färbung; kleine von den Berindungsfäden ausgehende Zweiglein zahlreich. Selten, in Bächen. **B. Dillenii** Bory

3. Sprosse von hell violetter oder mehr purpurbrauner oder rötlichbrauner Farbe, bis 20 cm lang, zerstreut stark verzweigt, schlüpfrig; Zweiglein an den Berindungsfäden schwach entwickelt oder meist fehlend.

var. pulcherrimum (Bory) Kütz. Violett oder purpurfarbig, ziemlich groß, Zweigwirtel kräftig entwickelt, deutlich voneinander getrennt, kugelig, Zellen der Zentralachse fast unberindet; var. confusum (Hess.) Rabenh. (B. giganteum Kütz.). Meist hellviolett, groß u. breit verzweigt, Zweigwirtel genähert, von den Berindungsfäden ausgehende Zweiglein zahlreich. Verbreitet in Quellen, Bächen u. Seen mit klarem Wasser (Fig. 77).

B. moniliforme Roth

Sprosse von blaugrüner Farbe, unregelmäßig stark verzweigt, häufig gegabelt, bis über 20 cm lang; Zweigwirtel gedrängt; besonders im unteren Teil des Sprosses zahlreiche von den Berindungsfäden ausgehende Zweiglein. Vorzugsweise in gebirgigen

Gegenden in Seen u. Torfgewässern.   (B. turfosum Bory, B.
suevorum Kütz.)   **B. vagum** Ag.
4. Sprosse von hell grünlichvioletter Färbung, einfach; Zweigwirtel unterschieden, von den Berindungsfäden ausgehende Zweiglein fehlend.   An Schneckengehäusen in Mitteldeutschland gefunden.   **B. Kühneanum** Rabenh.

3. Gattung: **Nemalion Targ. Tozz.**

Sproß stielrund, einfach oder gabelig verzweigt, schlaff, stark
gallertig schlüpfrig; Strang der Markfäden ziemlich festgeschlossen,
Rindenfäden locker gestellt, ihre Kollode weich; Karpogonzweig
4-zellig; Gonimoblast ein keulig gerundetes Büschel kurzer sporenbildender Fäden.

Sproß 10—20 cm lang, 2—5 mm dick, wurmförmig, einfach oder
wenig verzweigt, bräunlich grau.   Adriatisches Meer, obere lit. Reg.,
an der Flutgrenze (Fig. 80).   **N. lubricum** Duby

Sproß bis 20 cm lang, 1—3 mm dick, vielfach gegabelt, mit abstehenden Ästen, dunkelpurpurn.   Westl. Ostsee, lit. an u. dicht unter
der Wasserlinie; Nordsee, Helgoland, obere lit. Reg.

N. multifidum (Web. et Mohr) J. Ag.

4. Gattung: **Helminthora J. Ag.**

Sproß fadenförmig, gallertig, seitlich reich abstehend verzweigt,
Markfäden fest zu einem zentralen Strang verbunden, Endglieder
der Rindenfäden haarförmig ausgezogen; Karpogonzweig seitlich an
einer Rindenfadenzelle, meist 4-zellig, Trichogyn verlängert; Gonimoblast ein halbkugelig abgerundetes Büschel, mit Hüllfäden (Fig. 82).

Sproß 5—20 cm lang, 1 mm dick, Äste mit stumpfen Zweiglein
besetzt, blaßrot, ins Grünliche gehend.   Nordsee, Helgoland obere
lit. Reg.; Adriatisches Meer (Fig. 81).   **H. divaricata** J. Ag.

5. Gattung: **Helminthocladia J. Ag.**

Sproß gallertig, mit zahlreichen abstehenden Seitenzweigen,
Bündel der Markfäden stark aufgelockert, Endzellen der Rindenfäden
vergrößert; Karpogonast 3-zellig, seitlich an einer Rindenfadenzelle,
Gonimoblast halbkugelig gerundet, mit einem Kranz verzweigter Hüllfäden.

Sproß 30—50 cm lang, 3—6 mm dick, Seitenzweige zirka 1 mm
dick; purpurrot.   Nordsee, Helgoland.

H. purpurea (Harv.) J. Ag.

6. Gattung: **Liagora Lamour.**

Sprosse reichlich verzweigt, in der Rindenschicht $\pm$ verkalkt;
Markfäden ein ziemlich dichtes Bündel bildend, von ihren Zellen
gehen häufig Rhizoiden aus, Rindenfäden reich verzweigt; Karpogon-

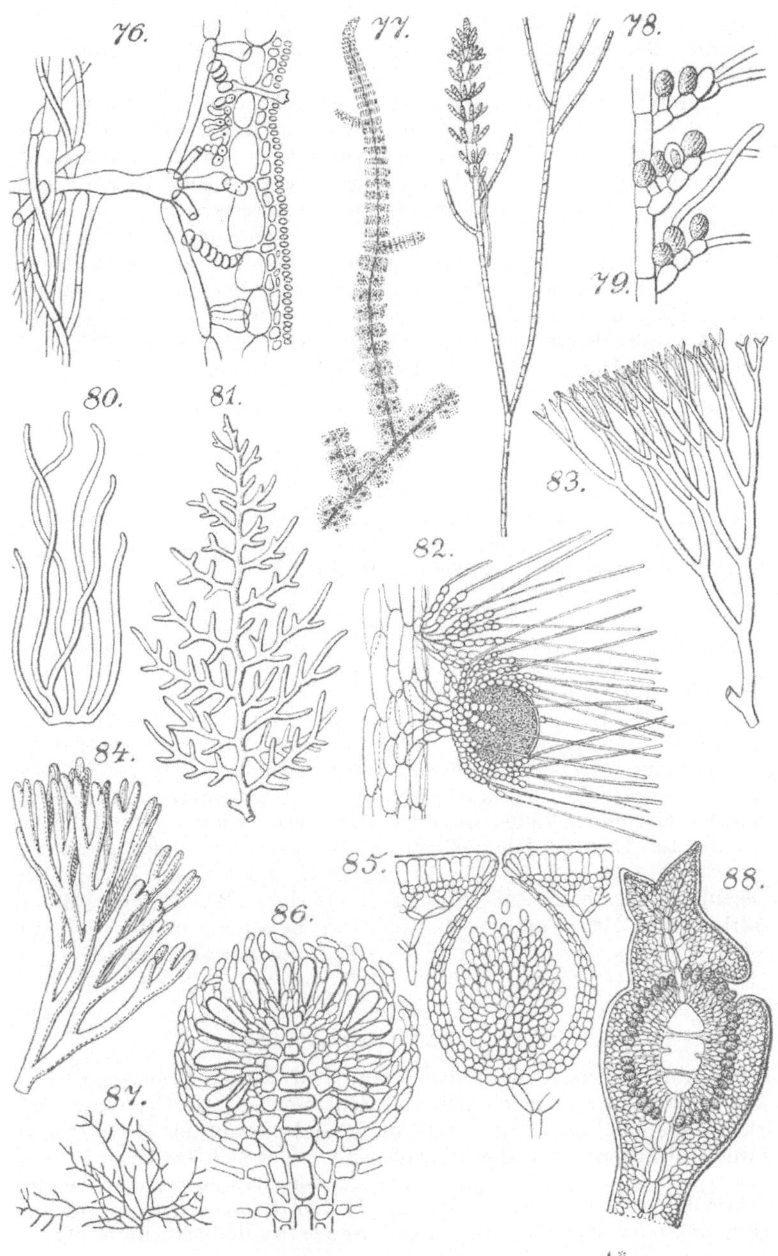
76.
77.
78.
79.
80.
81.
82.
83.
84.
85.
86.
87.
88.

zweige 3—4-zellig, einer Gliederzelle eines Rindenfadens seitlich ansitzend; Gonimoblast halbkugelig gerundet, von einem Kreuz von
Hüllfäden umgeben.

Sproß mit wenigen stärkeren durchgehenden Hauptästen, die
entweder einzeln oder in kleinen Büscheln die Seitenäste tragen;
Kalküberzug $\pm$ runzelig, zuweilen etwas körnig; Äste flach, trocken $\pm$
ausgehöhlt; Rindenbüschel klein, aber außerordentlich dicht u. reich
verzweigt. Adriatisches Meer, im flachen Wasser.

L. distenta (Mert.) Ag.

Sproß stark buschig, aus ungefähr gleichstarken oder doch nur
ganz wenig schmäler werdenden, sehr reich dichotom verzweigten
Ästen zusammengesetzt, zuweilen die äußersten Enden zugespitzt;
alle Äste drehrund mit einem $\pm$ glatten Kalküberzug (Fig. 83).
Adriatisches Meer, untere lit. Reg.   **L. viscida** (Forsk.) Ag.

4. Familie: **Chaetangiaceae.**

Wie bei den Helminthocladiaceae sproßt die befruchtete Eizelle zum Gonimoblasten aus, der ein gedrungenes Büschel von Fäden
darstellt; doch ist der Gonimoblast eingesenkt u. mit einer besonderen
Fruchthülle versehen. Einzige Gattung:

Scinaia Bivona.

Sproß stielrund, gabelig u. dabei meist in gleicher Höhe verzweigt,
gallertig-häutig; die dünne Markachse aus schmalen, dicht verflochtenen Fäden gebildet, die Innenrinde stark aufgelockert, die
Außenrinde dicht geschlossen, von einer Schicht größerer seitlich
fest verbundener Zellen außen bedeckt; Cystok. unter der Rindenschicht eingesenkt, hohlkugelig, mit dicht geschlossenem Frucht-
gehäuse aus dünnen Fäden, mit enger Öffnung nach außen, Gonimoblast
ein dichtes Büschel kleinzelliger, sporenbildender Fäden (Fig. 85).
Sproß bräunlich-rot, 5—15 cm hoch, dicht büschelig, gabelig
gleichhoch verzweigt, Abschnitte 1—3 mm breit, Zweigenden stumpf.
Adriatisches Meer, untere lit. Reg., an Felsen; Nordsee (Fig. 84).

S. furcellata (Turner) Biv.

5. Familie: **Gelidiaceae.**

Sproß stielrund oder abgeflacht, von derber Konsistenz oder
weich, mit (oft wenig kenntlicher) Zentralachse; die Cystok. bilden
kleine Anschwellungen, die endständig sind oder in der Mitte kleiner
Zweiglein liegen; nach der Befruchtung bildet sich entweder (Gelidium, Caulacanthus) direkt aus der Eizelle ein reichverzweigtes
Büschel sporenbildender Fäden, das die Zentralachse rings umwächst
(Fig. 88), oder aber (Wrangelia, Naccaria) die befruchtete Eizelle

treibt eine große lappige Zelle, die sich durch einen Tüpfel mit der Tragzelle des Karpogonzweige verbindet; die Lappenzelle ist dann das Zentrum, von dem die sporenbildenden Fäden ausgehen (Fig. 86).

Bestimmungstabelle der Gattungen:

A. Sproß schlaff, mit sehr locker gestellten oder ganz freien Rindenfäden (Kurztrieben).
a) Kurztriebe frei, der Sproß daher zottig erscheinend.
1. Wrangelia.
b) Kurztriebe dauernd in Gallerte eingehüllt. **2. Naccaria.**
B. Sproß derb, Rinde dicht geschlossen.
a) Rindenfäden abwechselnd aus der Zentralachse.
3. Caulacanthus.
b) Rindenfäden wirtelig, Zentralachse undeutlich.
4. Gelidium.

1. Gattung: **Wrangelia** Ag.

Sproß aufrecht, stielrund, verzweigt mit langgliederiger Zentral-
achse; an dieser 5-gliederige Wirtel von Kurztrieben, die in einer Ebene abwechselnd verzweigt sind u. verschieden lang sind; von den Basalzellen der Kurztriebe gehen zahlreiche Berindungsfäden nach der Zentralachse hin aus; Rinde später ziemlich dick, Kurztriebe ab-
fallend; Sporangien an den Kurztrieben zerstreut, tetraedrisch ge-
teilt; Prokarpien an gestauchten Sexualsprossen, Gonimoblast aus reich verzweigten Zellfäden bestehend, die sich zwischen die Zweige des Sexualsprosses eindrängen u. auch dessen Achse umgeben, schließlich zahlreiche Karposporen erzeugen; das Cystok. erscheint dann endständig (Fig. 86).

Sproß rosenrot oder dunkelrot, auch bräunlich, 5—20 cm hoch, unten 1—2 mm dick; die 1—3 mm langen Wirtelzweige lassen die Alge zottig erscheinen, ihre Zellen langgestreckt. Adriatisches Meer, obere bis untere lit. Reg., an Felsen u. Cystosiren.

W. penicillata Ag.

2. Gattung: **Naccaria** Endl.

Sproß aufrecht, fadenförmig, allseitig reichlich verzweigt, dauernd von Gallerte eingehüllt, weich; Zentralachse mit schief gegliederter Scheitelzelle, jede Gliederzelle mit 2 Kurztrieben, die feinfädig, ± verzweigt sind u. eine peripherische Schicht bilden, Kurztriebe später nicht mehr vorhanden, dann Zentralachse von einer durch Rhizoiden aus den Basalzellen der Kurztriebe gebildeten, nach innen großzelligen, nach außen kleinzelligen Rinde eingehüllt. Cystok. zerstreut an kleinen Zweiglein, kleine ovale Anschwellungen bildend, Gonimoblast um die Zentralachse reich verästelt ausgebreitet.

Sproß 5—15 cm hoch, unten 1—2 mm dick, rosenrot, leicht verbleichend, Zweige mit zahlreichen zarten, nach beiden Seiten verdünnten Zweiglein besetzt. Adriatisches Meer, Nordsee.
N. Wigghii (Turn.) Endl.

3. Gattung: **Caulacanthus** Kütz.

Sprosse aufrecht, stielrund, fadenförmig, fleischig-knorpelig, reichlich etwas sparrig verzweigt; von der quergegliederten Zentralachse gehen im spitzen Winkel abwechselnd Rindenfäden aus, die nach außen reich verzweigt sind u. zu einer dichten kleinzelligen Rinde zusammenschließen; Sporangien quergeteilt in der Rinde zerstreut; Cystok. kleine Anschwellungen der Zweiglein, Fruchtwand von der Rinde gebildet, Porus seitlich (Fig. 88).

1—3 cm hoch, in verworrenen Rasen oder Polstern wachsend, Sprosse bis gegen ½ mm dick, braunrot, trocken schwärzlich; Äste aufrecht abstehend, mit mehr gespreizten Zweiglein besetzt. Adriatisches Meer (Fig. 87). **C. ustulatus** (Mert.) Kütz.

4. Gattung: **Gelidium** Lamour.

Sproß drehrund oder abgeflacht, von zäher u. fester Struktur; Rinde dicht geschlossen, nach außen zu kleinzellig, nach innen zu mit Reihen länger gestreckter Zellen, die die Zentralachse verdecken; Sporangien kreuzförmig geteilt, in kleinen Zweigên in der Rindenschicht; Cystok. meist 2-fächerig, beiderseitig vorspringende Anschwellungen von Zweiglein darstellend, mit zentraler Öffnung jederseits (Fig. 90), oder selten einfächerig, einseitig vorspringend.
1. Cystok. einfächerig, eine halbkugelige einseitige Anschwellung
   kleiner Fiederzweiglein darstellend.   4.
   Cystok. zweifächerig.   2.
2. Sproß flach zusammengedrückt, linealisch, wiederholt fiederig
   verzweigt, mit fadenförmigen Haftwurzeln befestigt, braunrot,
   5—10 cm hoch, 0,5—2 mm breit; kleine Fiederzweige genähert,
   linealisch bis pfriemlich oder etwas spatelig; Cystok. kugelig vorspringend (Fig. 90); perennierend. Adriatisches Meer. Var.
   hystrix (J. Ag.) Hauck. Weniger zusammengedrückt, Äste
   wenige, verlängert, zweizeilig oder auch allseitig dicht mit Zweiglein besetzt. Adriatisches Meer.   **G. latifolium** Born.
   Sproß drehrund oder nur schwach zusammengedrückt, unregelmäßig verzweigt.   3.
3. Sprosse purpurn oder gelblich braun, 2—7 cm hoch, am Grunde
   niederliegend, kriechend, bis ½ mm dick, Äste ± aufrecht, unverzweigt oder schwach unregelmäßig verzweigt; Sporangien in
   den spatelförmig verdickten Enden der Zweiglein (Fig. 92); Cystok.
   einzeln oder zu zwei an Zweiglein ovale bis kugelige Anschwellungen
   erzeugend. Adriatisches Meer, sublit. Reg. (Fig. 91).
                G. crinale (Turn.) J. Ag.

Sprosse braunrot, rasig wachsend, ½—1 cm hoch, 100—500 μ dick, niederliegend, verworren, unregelmäßig verzweigt, Zweiglein klein, oft fast blattartig, obovat oder mehr zungenförmig. Adriatisches Meer, untere lit. Reg.

G. pusillum (Stackh.) Le Jolis

4. Sprosse braunrot, 5—15 cm hoch, 1—2 mm breit, fast zweischneidig abgeflacht, regelmäßig 3—4 mal fiederig verzweigt, Fiedern gegenständig oder abwechselnd, abstehend, die sterilen Fiederzweiglein linealisch, die sporangientragenden fast spatelig; Cystok. in der Mitte von Fiederzweiglein. Adriatisches Meer (Fig. 89). **G. capillaceum** (Gmel.) Kütz.

6. Familie: **Gigartinaceae.**

Sproß reduziert (Parasitische Gattungen) oder stielrund bis blattartig flach, von zellig-parenchymatischer oder fädiger Struktur, mit fächerförmig strahlender Vegetationsspitze; Sporangien kreuzweis geteilt; die Basalzelle des Karpogonzweiges funktioniert als Auxiliarzelle, ein kurzer Zellfaden aus der befruchteten Eizelle vereinigt sich mit dem oberen Ende der Auxiliarzelle, das dann als Zentralzelle abgeschnitten wird, aus der der Gonimoblast sproßt; der untere Teil fusioniert mit sterilen Zellen; Cystok. zerstreut oder an besonderen Fruchtzweiglein.

Bestimmungstabelle der Gattungen.

A. Parasitische Gattungen.
  a) Auf Rhodomela.   1. **Harveyella.**
  b) Auf Phyllophora.   2. **Actinococcus.**
B. Autotrophe Gattung.
  a) Fadenstruktur des Sprosses deutlich.
    α) Cystok. über den Sproß zerstreut, Nord-Ost-See.
                                    3. **Chondrus.**
    β) Cystok. an kleinen Fruchtzweigen. Adriatisches Meer.
                                    4. **Gigartina.**
  b) Fadenstruktur des Sprosses nicht kenntlich.
    α) Sproß flach bis blattartig flach.
      I. Cystok. in besonderen Fruchtblättchen.
                                    5. **Phyllophora.**
      II. Cystok. über den Sproß zerstreut.   6. **Callymenia.**
    β) Sproß stielrund bis wenig abgeflacht, sehr zähe.
                                  7. **Gymnogongrus.**
Unsicherer Stellung.   8. **Ahnfeltia.**

1. Gattung: **Harveyella** Schmitz et Reinke.

Die Arten leben parasitisch u. rufen kleine knollenförmige Wucherungen an der Wirtspflanze hervor; Zellfäden reich büschelig verzweigt, zwischen den Zellen des Wirtes wachsend; Gruppen von

Zellfäden wachsen nach außen u. erzeugen kleine flachgewölbte Polster, die fruktifizieren, ihre Zellreihen fächerförmig ausstrahlend, gabelig verzweigt; an den Polstern eine mehrreihige Rindenschicht von kleinen Zellen; Sporangien im Frühjahr, kreuzförmig geteilt, in der Rindenschicht; Karpogonzweig 4-zellig, an Rindenzellen, das Trichogyn über das Polster vorragend; nach Fusion mit der Auxiliarzelle entwickelt sich ein Gonimoblast, der nach allen Richtungen sich verzweigend durch das Polster wächst und büschelig verzweigte sporenbildende Äste aufweist; schließlich nimmt das Cystok. fast das ganze Polster ein, Fruchtwand mit einer Öffnung; Cystok. im Winter.

Westl. Ostsee; Nordsee, Helgoland, an Rhodomela (Choreocolax albus Kuckuck.)

H. mirabilis (Reinsch) Schmitz et Reinke

2. Gattung: **Actinococcus** Kütz.

Parasitisch auf Florideen, mit verzweigten Zellfäden im Innern des Wirtes lebend; fertile (sporangienbildende) Fäden erzeugen ein Polster auf der Außenseite des Wirtes, in dem die kreuzförmig geteilten Sporangien in Reihen gestellt sind.

Auf Phyllophora Brodiaei; der Parasit dringt durch die Antheridien-Höhlungen ein u. verzweigt sich im Gewebe des Wirtes; das dickliche, kleine, halbkugelige, dunkelrote, äußere Polster zeigt fächerförmige Reihenanordnung der Zellen; die Fäden sind gabelig geteilt; im Polster werden die Sporangien in langen Reihen ausgebildet. Geschlechtliche Fortpflanzung unbekannt. Westl. Ostsee. (A. roseus Kütz.)   **A. subcutaneus** (Lyngb.) Rosenvinge

3. Gattung: **Chondrus** Stackh.

Sproß lederartig-knorpelig, flach oder nach unten zu rundlich, meist wiederholt gabelig-fächerförmig geteilt, die Abschnitte linealisch oder keilförmig, an den Enden spitz oder stumpf; Markfäden lang u. dünn, netzig verbunden, von ihnen ausgehende Rindenfäden wiederholt gegabelt, kleinzellig; Sporangien in Endabschnitten, in unregelmäßigen Gruppen in flachen Erhebungen, kreuzförmig geteilt; Cystok. flach warzenförmig bis fast halbkugelig, einseitig hervortretend, über den Sproß verstreut (Fig. 93), Fruchtkern dem Gewebe eingesenkt, ohne besondere Fruchthülle, mit Sporenhaufen zwischen unregelmäßigem Flechtwerk.

Sproß in der Litoralform braunrot bis violettrot oder bei starker Belichtung gelblich, in der Sublitoralform hochrot, 2—15 cm hoch, sehr veränderlich in der Form; perennierend. Lit., sublit. Reg., an Steinen u. Muscheln, Nordsee, westl. Ostsee (dort nicht häufig u. meist im tieferen Wasser) (Fig. 93). F. incurvata. (Chondrus incurvatus Kütz.): fast durchgehend rundlich, entfernt gabelig geteilt, Endabschnitte gekrümmt, spitz. In der Ostsee, mit Übergängen zum Typus. (Knorpeltang, Carraghen, Irisch Moos.)

C. crispus (L.) Lyngb.

4. Gattung: **Gigartina** Stackh.

Sproß stielrund bis abgeflacht, meist reichlich verzweigt, dicklich, derb fleischig oder knorpelig; das aus längsverlaufenden Fäden gebildete Mark u. die Innenrinde meist dicht; Sporangien in die Rinde eingesenkt, Flecken von unbestimmtem Umriß bildend; Cystok. an kleinen Fruchtzweiglein, auswärts $\pm$ stark halbkugelig vorspringend (Fig. 94), Fruchtkern mit Faserhülle, mit vielen Tochterkernen, die von verflochtenen Fäden getrennt sind.

Sproß abgeflacht, linealisch, purpurn oder dunkelgrün, 10 bis über 20 cm hoch, fiederartig zusammengesetzt, Fiederzweige u. -zweiglein abwechselnd, gespreizt, größere u. kleine untermischt; fertile Zweiglein am Rande mit 1 oder wenigen Cystok. Adriatisches Meer (Fig. 94). **G. Teedii** (Roth) Lamour.

Sprosse rasig wachsend, gesellig, stielrund, bräunlich-purpurn oder dunkelgrün, 3—8 cm lang, ½ bis über 1 mm dick, allseitig reichlich verzweigt, Zweige verlängert, abstehend, pfriemlich, lang verschmälert, mit kurzen abspreizenden Zweiglein besetzt; Cystok. in der Mitte der fertilen Zweiglein sitzend, einzeln oder 2—4; ausdauernd. Adriatisches Meer, untere lit. bis obere sublit. Reg. **G. acicularis** (Wulf.) Lamour.

5. Gattung: **Phyllophora** Grev.

Aufrechter Sproß mit Basalscheibe angeheftet, durchaus flach oder am Grunde stielrund und nach oben zu flach; öfters tritt durch sekundäres Wachstum von Gewebepartien eine Mittelrippe hervor; farbloses inneres Mark aus dichtgeschlossenen größeren Zellen gebildet, von einer kleinzelligen roten äußeren Rinde umgeben; Sporangien kreuzweis geteilt, in flach warzenförmigen Nemathecien, deren Zellfäden perlschnurartig gereihte Sporangien ausbilden; Antheridien in flaschenförmigen Vertiefungen der Rindenschicht; Prokarpien an besonderen kleinen Fruchtsprößchen (Karpophoren) in größerer Zahl; meist nur ein Gonimoblast mit zahlreichen Sporenkernen im Karpophor entwickelt, daher Cystok. kurz gestielt, dickwandig.

1. Sproß am Grunde stielrund, nach oben zu langsam verbreitert. 2.
Sproß durchaus flach oder nur ganz am Grunde stielartig rundlich verschmälert. 3.

2. Sproß 15—20 cm hoch, dunkelrot, oft bräunlich-violett, von pergamentartiger Konsistenz, am Grunde bis 2 mm dick, nach oben zu in flache keilförmige, tiefbuchtig geteilte, blattartige Abschnitte ausgehend, die bis 3—5 cm breit werden; junge Neusprosse nicht scharf vom Muttersproß geschieden, sondern fast mit ihrer ganzen Breite aus ihm hervorgehend; Ostseeformen schmäler als Nordseeformen, steril; ausdauernd. W. Ostsee; Nordsee, Helgoland, sublit. Reg. im tieferen Wasser an Steinen (Fig. 95).
P. membranifolia (Good. et Wood.) J. Ag.

Sproß (in der typischen Form) bis 12—15 cm hoch, oft viel
niedriger, tiefrot, lederig fest, am Grunde meist nur bis 1 mm dick,
nach oben zu keilförmig verbreitert, aus der Kante sich vom Muttersproß scharf abhebende keilförmige junge Lappen erzeugend;
ausdauernd. Östl. Ostsee, Westl. Ostsee; Nordsee, Helgoland;
sublit. Reg., an Steinen (Fig. 96). Forma elongata. Schmale
Form mit sehr langen u. schmalen blattartigen Abschnitten; die
jungen Neusprosse gehen mehr allmählich aus dem Muttersproß
hervor, steril. Östl. u. westl. Ostsee. Forma baltica. Sproß
durchaus linealisch, nur 0,1—0,2 mm breit, 2—4 cm hoch, dichotom
u. proliferierend, ohne Haftscheibe. Östl. Ostsee.

P. Brodiaei (Turn.) J. Ag.

3. Sprosse (wenigstens nach unten zu) mit Mittelrippe.   4.
   Sprosse ohne Mittelrippe.   5.
4. Sproß aus kurz zusammengezogenem Stiel ziemlich gleichmäßig
breit, lebhaft karminrot, aufrecht, bei den Ostseeformen bis 10 cm
hoch, 2—5 mm breit, bei den Nordseeformen bis 20 cm hoch,
oben bis 2 cm breit, Neusprosse gleichbreit aus der oberen Kante
des flachen Sprosses, oder aus der Blattfläche oft zahlreich proliferierend; Mittelrippe nach unten zu bemerkbar; Cystok. kurzgestielt, an der Oberfläche faltig-runzelig; ausdauernd.   Westl.
Ostsee, nur steril, selten; Nordsee, Helgoland; sublit. Reg., auf
Steinen (Fig. 97).   **P. rubens** (L.) Grev.
   Sproß aus kurz zusammengezogenem Stiel bald verbreitert, mit
flachen, linealischen, 4—8 mm breiten, verlängerten, am Rande
welligen u. proliferierenden Abschnitten mit deutlicher Mittelrippe. Adriatisches Meer.   **P. nervosa** (DC.) Grev.
5. Sproß dunkelrot, frei, ohne Basalscheibe, 3 bis 10—12 cm hoch,
bis 3 mm breit, durchaus flach, oft gabelig geteilt, am Rande ±
unregelmäßig gekerbt, aus der verbreiterten Spitze oft Triebe von
länglich-ovaler Gestalt hervorbringend; steril.   Westl. Ostsee,
sublit. Reg., an Algen oder Zostera-Wurzeln. Forma tenuior.
Bis 3—4 cm hoch, 1 mm breit. Frei zwischen Zostera-Wurzeln.

Ph. Bangii (Fl. Danic.) Jensen

   Sproß 5—7 cm hoch, flach, am Grunde manchmal etwas stielrund, nach oben zu bis 5 mm breit, an der Spitze in blättchenartige,
länglich-keulige, bis 15 mm lange Abschnitte auslaufend; aus den
Blättchen werden, besonders an den Kanten, mehrere (3—4, sogar
bis 12) Triebe entwickelt, so daß dann die Verzweigung oft sternförmig erscheint; steril. Mit der vorigen Art zwischen Zostera-
Wurzeln, westl. Ostsee (Fig. 98, 99).

P. parvula Darbishire

6. Gattung: **Callymenia** J. Ag.

Sproß flach bis blattartig abgeflacht, verschieden geteilt; Markfäden gabelig verzweigt, von Rhizoiden durchzogen, ± stark auf-

gelockert, Rinde nach außen zu mit allmählich kleineren Zellen; Sporangien in der Außenrinde, kreuzförmig geteilt; Cystok. über die Thallusfläche zerstreut.

Sproß gestielt, bis 5 cm hoch, dunkelrot, Stiel aus einer Wurzelschwiele entspringend, kurz, $\pm$ verzweigt, Zweige in blattartige, fleischig-häutige, nierenförmig gerundete oder mehr eiförmige oder herzförmige, 1—1,5 cm breite Abschnitte ausgehend; Cystok. abgeflacht vorragend, Fruchtkern in den Mittelschichten der Blätter. Adriatisches Meer, sublit. Reg. bis in größere Tiefen.

C. microphylla Zanard.

7. Gattung: Gymnogongrus Mart.

Sproß stielrund oder abgeflacht, von fester, bis horniger Konsistenz, wiederholt gabelig verzweigt; Rindenzellreihen senkrecht zur Oberfläche, Zellen klein, innere Schichten parenchymatisch verbunden, mit größeren Zellen; Sporangien u. Cystok. bei unserer Art nicht bekannt.

Kleine, dichte Rasen bis zu 5 cm Höhe bildend, Sprosse fadenförmig, öfters etwas abgeflacht, bis ½ mm dick, braunrot bis schwärzlich, überall gleich dick, stark gabelig verzweigt. Die sog. Nemathecien dieser Art gehören wahrscheinlich zu einer Art von Actinococcus. Perennierend. Adriatisches Meer, untere lit. Reg (Fig. 100).

G. Griffithsiae (Turn.) Mart.

8. Gattung: Ahnfeltia Fries.

Sproß von hornartiger Konsistenz, stielrund, dünn, gabelig oder seitlich unregelmäßig, oft proliferierend verzweigt, von dichter Struktur, kleinzellig; die sehr kleinzellige Außenrinde, deren Fäden senkrecht zur Oberfläche stehen, geht nach innen allmählich in ein etwas großzelligeres Gewebe über; Fortpflanzung unbekannt. Öfters von kleinen Florideen-Parasiten der Gattung Sterrocolax Schmitz befallen; diese bilden kleine Polster, in denen Sporangien mit einer Spore entstehen.

Sprosse oft verworrene Rasen bildend, 5—10 cm hoch, ½ mm dick, braunrot oder dunkelrot, gelblich verbleichend, sehr fest; perennierend. Westl. Ostsee, Nordsee, lit. u. sublit. Reg., an Steinen usw. In der östl. Ostsee (Danziger Bucht) die Forma pumila: Sprosse rötlich gelbbraun, sehr fein, nur 0,1—0,25 mm dick, kleine verworrene Rasen von 1—2 cm Höhe bildend.

A. plicata (Huds.) Fries

7. Familie: Rhodophyllidaceae.

Sproß stielrund bis blattartig flach, von zellig-fädiger Struktur; Sporangien quergeteilt; Cystok. kleine Zweige einnehmend, mit eingesenktem Fruchtkern, oder vorspringend; Auxiliarzelle vom

Karpogonzweig gesondert, meist erst nach der Befruchtung deutlich, sporogene Fäden kurz oder etwas verlängert, aus der Auxiliarzelle nach einwärts der Gonimoblast entwickelt; dieser liegt inmitten der Fruchthöhlung, die sporenbildende Schicht, meist in deutliche Teilkerne gesondert, umgibt ein mittleres steriles zelliges oder faseriges Gewebe.

Bestimmungstabelle der Gattungen.

A. Sproß stielrund.   **1. Cystoclonium.**
B. Sproß eingeschnürt gegliedert.   **2. Catenella.**
C. Sproß flach.   **3. Rhodophyllis.**

1. Gattung: **Cystoclonium** Kütz.

Sproß stielrund, fleischig, allseitig verzweigt; mittlerer Teil des Sprosses ein locker geschlossenes Bündel von netzförmig verbundenen Zellfäden, durch Rhizoiden verstärkt, Rindenfäden nach außen allmählich kleinzelliger; Sporangien zerstreut, in der Außenrinde, quergeteilt; Cystok. ovale Anschwellungen an kleinen Zweiglein bildend (Fig. 103), Fruchtkern hier dem aufgelockerten Mark eingelagert, ohne Hülle, ein dicht verflochtenes Knäuel von Fasern mit unregelmäßig eingestreuten Sporen.

Sproß bis 20 cm hoch, rosenrot bis dunkelrot, allseitig abwechselnd reich verzweigt, Hauptäste rutenförmig verlängert, Zweige mit kurzen, nach beiden Enden verschmälerten Zweiglein besetzt; Cystok. zahlreich, fast in der Mitte der Zweiglein. W. Ostsee, sublit. Reg.; Nordsee, Helgoland (Fig. 103).   **C. purpurascens** (Huds.) Kütz.

2. Gattung: **Catenella** Grev.

Sproß stielrund, eingeschnürt gegliedert, dichotom bis trichotom u. aus den Gliedern proliferierend verzweigt; Glieder fast röhrig hohl, mit lockerem zentralen Bündel netzig verketteter Zellfäden, Rinde schmal, nach außen kleinzellig; Sporangien an besonderen fertilen, angeschwollenen Sproßgliedern, in der Rinde, quergeteilt (Fig. 105).

1—3 cm hoch, verworren rasenbildend, von rotbrauner oder mehr schwärzlicher Farbe; Sprosse am Grunde kriechend, Äste 0,5—1 mm dick, auch schwächer, $\pm$ stark eingeschnürt, Glieder länglich, keulenförmig oder spindelig. Adriatisches Meer, Überzüge an Felsklippen bildend, obere lit. Reg. bis oberhalb der Flutgrenze, nur von Spritzwasser befeuchtet (Fig. 104).

C. opuntia (Good. et Wood.) Grev.

3. Gattung: **Rhodophyllis** Kütz.

Sproß blattartig flach, dichotomisch geteilt u. oft daneben proliferierend verzweigt, dünn, häutig, nur aus wenigen Zell-Lagen gebildet; Sporangien zerstreut, in der Rinde, quergeteilt; Cystok.

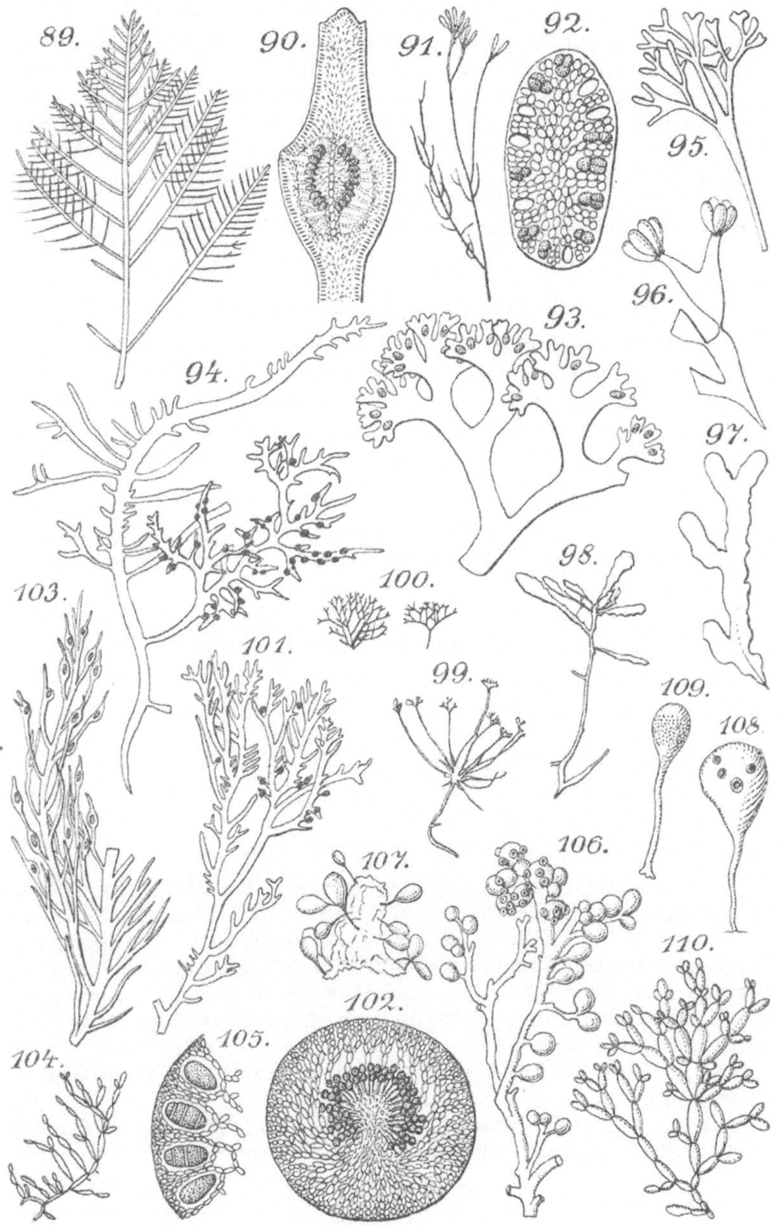

randständig, fast kugelig vorspringend, Wandung durch Verdickung
der Rinde gebildet, Höhlung von Fasergeflecht erfüllt, Teilkerne des
Fruchtkerns gut abgegrenzt.

Büschelig wachsend, 2—5 cm hoch, Sprosse flach, häutig, rot,
reichlich dichotomisch geteilt, von fächerförmigem Umriß, Abschnitte
bis 8 mm breit, am Ende keilförmig oder stumpf, ausgerandet oder
kurz 2-spaltig, am Rande mit zungenförmigen oder spateligen Prolifikationen. Adriatisches Meer, von der oberen lit. Reg. bis in größere
Tiefen, an Cystosiren usw. **R. bifida** (Good. et Wood.) Kütz.

8. Familie: **Sphaerococcaceae.**

Sproß stielrund oder abgeflacht, mit undeutlicher Fadenstruktur
oder von zellig-parenchymatischem Aufbau; Sporangien am Sproß
zerstreut oder in besonderen Zweiglein, kreuzförmig geteilt oder
quergeteilt; Auxiliarzelle vor der Befruchtung nicht deutlich kenntlich,
von einer dem Karpogonzweig benachbarten Rindenzelle gebildet,
nach Fusion mit Nachbarzellen zum Gonimoblasten auswachsend,
von einer ± entwickelten Plazenta umgeben; Cystok. vorspringend,
am Sprosse oder an ganz kleinen Zweiglein entwickelt; der Fruchtkern
ragt von der basalen Plazenta aus frei in die Fruchthöhlung hinein
(Fig. 102).

Bestimmungstabelle der Gattungen.

A. Cystok. am Sproß zerstreut. **1. Gracilaria.**
B. Cystok. an besonderen kleinen Zweiglein oder in den letzten Auszweigungen des Sprosses.
   a) Sproß gabelig verzweigt. **2. Sphaerococcus.**
   b) Sproß allseitig reichlich verzweigt. **3. Hypnea.**

1. Gattung: **Gracilaria** Grev.

Sproß stielrund oder abgeflacht, gabelig oder seitlich verzweigt,
von zelligem, dicht geschlossenem Aufbau, die Zellen nach außen
allmählich kleiner werdend, die Außenrinde nicht deutlich abgegrenzt;
Sporangien zerstreut, kreuzweis geteilt; Cystok. zerstreut, halbkugelig
vorspringend, Wandung dick, vom Fruchtkern getrennt, Kern fast
kugelig gewölbt, breit ansitzend, mit gerundeter oder gelappter
sporentragender Oberfläche.

1. Zweige verlängert, gewöhnlich nur schwach mit kleineren Zweigen
   besetzt. 2.

   Äste ± gabelig geteilt, Zweige allseitig (öfters auch mehr
   einseitig) entspringend, mit vielen kurzen ungeteilten oder
   2—3 spitzigen oder oben geweihartig verbreiterten kleinen Zweigen
   besetzt; Sproß 10—25 cm hoch, unten bis 2 mm dick, fleischig-
   knorpelig, schwärzlich-grün oder braunrot, nach oben zu etwas

zusammengedrückt, reich verzweigt; Cystok. viele, halbkugelig an den oberen Zweigen vorspringend. Adriatisches Meer.

G. armata (Ag.) J. Ag.

2. Sproß in der Größe stark variierend, bis ½ m lang, unten bis 1 mm dick, bräunlich oder dunkelrot, fleischig-knorpelig, stielrund, fadenförmig, locker verzweigt, Zweige rutenförmig, häufig sehr lang, allmählich verdünnt, häufig fast geißelförmig, nackt oder mit kleinen Zweiglein besetzt; Antheridien in kleinen birnförmigen Höhlungen am Sproß; Cystok. halbkugelig zahlreich an den Zweigen vorspringend. Westl. Ostsee; Nordsee, Helgoland, Friesische Inseln; Adriatisches Meer. **G. confervoides** (L.) Grev.

Sprosse büschelig wachsend, fleischig, ziemlich weich, stielrund, trocken zusammenfallend, bis 20 cm hoch, 1—3 mm dick, grünlich-gelb bis dunkelrot, gabelig u. seitlich verzweigt, Zweige allmählich zugespitzt, häufig stellenweise verbreitert, nackt oder mit wenigen kurzen Zweigen; die Antheridienstände bilden an der Oberfläche kleine Flecken. Adriatisches Meer, untere lit. Reg. bis in größere Tiefen. **G. compressa** (Ag.) Grev.

Sprosse oft etwas verworrene Rasen bildend, bräunlich bis dunkelrot, von knorpelig-zäher Konsistenz, 10—15 cm hoch, 1 mm ungefähr dick, stielrund, unregelmäßig gabelig, auch etwas seitlich, büschelig verzweigt; Zweige verlängert, nackt oder mit wenigen kurzen Zweiglein. Adriatisches Meer.

G. dura (Ag.) J. Ag.

2. Gattung: **Sphaerococcus** Stackh.

Sproß nach oben zu 2-schneidig abgeflacht, gabelig verästelt; die ziemlich dicke Zentralachse ist von dünnen Rhizoidfäden eingehüllt, ihr entspringen wirtelig gestellte, verbundene Rindenfäden, die eine dicht geschlossene, nach außen kleinzellige Rinde bilden; Spor. zerstreut, Cystok. klein, an ganz kurzen Zweiglein, so kurz gestielt u. geschnäbelt erscheinend, Fruchtkern halbkugelig gewölbt, mit viel sterilem Gewebe, mit der abgehobenen Fruchtwand durch einzelne Fadenstränge verbunden, die fertile Schicht mit einzelnen oder gepaarten Sporen (Fig. 102).

Fleischig-knorpelig, bis 30 cm hoch, dunkelrot, reich gabelig verzweigt u. mit kleinen Zweiglein fiederartig besetzt. Adriatisches Meer, untere lit. Reg. (Fig. 101).

S. coronopifolius (Good. et Wood.) Ag.

3. Gattung: **Hypnea** Lamour.

Sproß stielrund, fadenförmig, reichlich verzweigt, zelliger Struktur, Zentralachse anfangs deutlich, innere Schichten ziemlich großzellig, äußere nach außen zu immer kleinzelliger; Sporangien quergeteilt, in kleinen Zweiglein der verdickten Außenrinde eingelagert; Cystok. an kleinen Zweiglein halbkugelig vorspringend, mit ziemlich **dicker Fruchtwandung.**

Verworren rasig wachsend, Sprosse 10—15 cm hoch, knorpelig-fleischig, schwärzlich grün oder braunrot, unten 1—2 mm dick, ganz allmählich dünner werdend, allseitig reichlich verzweigt, Äste u. Zweige rutenförmig verlängert, an der Spitze öfters hakenförmig gekrümmt, mit kurzen abstehenden Zweiglein besetzt. Adriatisches Meer, untere lit. Reg. **H. musciformis** (Wulf.) Lamour.

9. Familie: **Rhodymeniaceae.**

Sproß rund oder flach; Spitze der Sprosse aus parallel verlaufenden oder fächerförmig ausstrahlenden Zellreihen gebildet; späterhin im Innern des Sprosses ein Gewebe aus großen Zellen, mehr nach außen die Zellen kleiner, im Anschluß daran eine kleinzellige Rinde; als Ausnahme Plocamium mit einer Scheitelzelle; Sporangien in der Rinde, tetraedrisch oder kreuzweise geteilt, bei Plocamium quergeteilt; Auxiliarzelle nahe dem Karpogon, vor dessen Befruchtung nicht besonders kenntlich, nach außen den Gonimoblast entwickelnd; Cystok. vorspringend, die Wandung meist mit endständigem Porus, von der grundständigen Plazenta ganz abgelöst oder mit ihr durch netzigfädiges Hüllgewebe verbunden; Fruchtkern mit einer Stielzelle der Plazenta angeheftet, in mehrere dicht geschlossene Gonimoloben gegliedert.

Bestimmungstabelle der Gattungen.

A. Sproß mit Scheitelzelle u. Zentralachse; Sporangien quergeteilt.
1. Plocamium.

B. Ohne Scheitelzelle.
  a) Sporangien kreuzweis geteilt.
    α) Sproß mit blasenförmigen Zweiglein oder hohl.
2. Chrysymenia.
    β) Sproß flach u. dünn. **3. Rhodymenia.**
  b) Sporangien tetraedrisch geteilt.
    α) Sproß nicht röhrig. **4. Gloiocladia.**
    β) Sproß röhrig mit Querwänden.
      I. Cystok. mit Porus.
        1. Sproß seitlich verzweigt, Glieder nur so lang als breit, Einschnürungen schwach. **5. Champia.**
        2. Sproß gabelig verzweigt, Glieder 2—6 mal so lang als breit, Einschnürungen stark. **6. Lomentaria.**
      II. Cystok. ohne Porus. **7. Gastroclonium.**
    γ) Sproß röhrig ohne Querwände. **8. Chylocladia.**

1. Gattung: **Plocamium** Lamour.

Sproß zweischneidig abgeflacht, reichlich sympodial verzweigt, indem jedesmal die Zweigspitze von dem obersten Seitentrieb zur Seite gedrängt wird; Zweige 2-zeilig gefiedert, mit abwechselnden

Reihen von 2—5 Fiederchen; Sproß mit Zentralachse u. Scheitelzelle, bald von zelliger, dichter Struktur, innere Schicht ziemlich groß‑ zellig, Rinde kleinzellig; Sporangien in 2-schneidig abgeflachten kleinen Fruchtzweigen, die häufig geteilt sind, in 2 Reihen längs der Zentralachse, quergeteilt; Cystok. sitzend oder kurz gestielt, aus- wärts kugelig vorspringend, mit Porus am Gipfel, Fruchthöhlung mit netzig-fädigem Hüllgewebe, Fruchtkern mit aufgelockerten Teil- kernen.

Dicht büschelig, mit mehreren Hauptästen aus kriechendem Grunde, Sproß knorpelig-fleischig, schön rot, bis über 20 cm hoch, unten 1—2 mm breit, Fiedern abwechselnd immer 3—4 jederseits, bis 4 mm lang, abstehend, zugespitzt. Nordsee, sehr häufig, sublit. Reg. an Steinen u. anderen Algen (Fig. 113, mit Cystok.). Var. uncinatum J. Ag. 3—8 cm hoch, Sproß zart u. sehr schmal, Fiederzweiglein teils gerade, teils eingebogen oder zurückgekrümmt. Adriatisches Meer.

P. coccineum (Huds.) Lyngb.

2. Gattung: **Chrysymenia** J. Ag.

Sproß stielrund oder abgeflacht, zäh oder weich, röhrig oder solid, verzweigt oder auf eine gestielte Blase reduziert; Rinde dicht geschlossen, nach innen zu großzelliger; Sporangien zerstreut, aus Rindenzellen gebildet, kreuzweis geteilt; Cystok. zerstreut, ziemlich stark auswärts vorspringend.

1. Sproß ± verzweigt.　　　　　　　　　　　　　　　　　　　2.

　　Sproß eine gestielte, eiförmige bis birnförmige, 2—6 mm lange Blase, tief rosenrot; der Stiel sitzt einer kleinen Basalschwiele auf, er ist meist einfach, selten gegabelt u. dann mit 2—3 Blasen, 0,5 mm dick u. 2—6 mm lang; Blase von wässeriger Gallerte er- füllt; Sporangien an der Blase, aus äußeren Rindenzellen gebildet; Cystok. nur wenige an der Blase, halbkugelig. Adriatisches Meer, sublit. Reg., von 15—25 m, auch bis 40 m Tiefe, an größeren Algen, Lithothamnien, auch an Muscheln, gruppenweise (Fig. 107, Habitus, Fig. 108, mit Cystok., Fig. 109, mit Sporangien).

C. microphysa Hauck

2. Sproß stengelartig ausgebildet, 3—8 cm hoch, dunkelrot, solid, knorpelig, unregelmäßig abwechselnd oder gabelig lockerer oder dichter verzweigt; Zweige mit umgekehrt eiförmigen oder birn- förmigen 3—6 mm langen blasenförmigen Zweiglein besetzt; Blasen mit Gallerte erfüllt, Wand mit großzelliger innerer Schicht u. mehreren kleinzelligen äußeren Schichten; Cystok. wenige an den Blasen; perennierend. Adriatisches Meer, von der sublit. bis zur oberen lit. Reg., am meisten lit., an Cystosiren, an Felsen (Fig. 106).

C. uvaria (Wulf.) J. Ag.

Sproß aus kissenförmigem Basalpolster 5—15 cm hoch, gallertig‑ zart, saftig, rosenrot, ± flach gedrückt, dick, frühzeitig hohl, mehrmals fiederig oder mehr unregelmäßig verzweigt, Zweige ziemlich entfernt stehend oder mehr genähert, abstehend, nach der Spitze zu wenig verschmälert, stumpf; Sporangien am oberen Teil des Sprosses zerstreut; Cystok. halbkugelig, am Sproß zerstreut. Adriatisches Meer, an Felswänden der oberen lit. Reg.

C. ventricosa (Lamour.) J. Ag.

3. Gattung: **Rhodymenia** Grev.

Sproß flach, dünn, aber von fester Konsistenz, gabelig geteilt, am Grunde stielartig verschmälert, oft aus dem Rande proliferierend; Gewebe parenchymartig, innere Schichten ziemlich großzellig, geschlossen, Außenrinde kleinzellig; Sporangien kreuzweis geteilt, in Gruppen an bestimmten Stellen der Sproßfläche in der Rinde; Cystok. halbkugelig, zerstreut, Fruchthöhlung ohne Füllgewebe.

Sprosse meist in Gruppen, 4—8 cm hoch, dunkelrot, Stiel kurz oder etwas verlängert, Sproß nach oben zu gabelig geteilt, breit, bis zu fächerartigem Umriß, Abschnitte kurz, linealisch, 2—6 mm breit, Endabschnitte an der Spitze abgerundet; Sporangiengruppen unterhalb der Spitze der Endabschnitte. Adriatisches Meer, untere lit. Reg., an Cystosiren, bis in größere Tiefen.

R. palmetta (Esp.) Grev.

Sproß 10—20 cm lang, schmutzig dunkelrot, gabelig geteilt, Abschnitte lang, linealisch, 4—10 mm breit, Gabelwinkel spitz, Rand hier und da mit kleinen Wimpern oder Zähnen oder mit größeren Prolifikationen besetzt, Endabschnitte verschmälert. Adriatisches Meer, sublit. Reg., in größeren Tiefen. **R. ligulata** Zanard.

Sproß unregelmäßig fächerförmig-gabelig, Abschnitte abspreizend, am Rande proliferierend, Endabschnitte an der Spitze abgerundet oder ausgerandet. Adriatisches Meer.

R. corallicola Ardiss.

Anm.: An den Küsten des Atlantischen Ozeans, der Nordsee ist verbreitet R. palmata (L.) Grev. mit langem (bis 30 cm), blattartigem, ungeteiltem oder eingespaltenem, dunkelrotem, derbem bis lederartigem Blattkörper. (Ob deutsche Gebiete der Nordsee?)

4. Gattung: **Gloiocladia** J. Ag.

Sproß nach oben zu abgeflacht, gabelig verzweigt, weich, gallertighäutig, zelliger Struktur, Innenschichten großzellig, Rinde kleinzellig; Sporangien tetraedrisch geteilt, in zerstreuten dichten Gruppen; Cystok. am Rande, fast kugelig, Höhlung mit netzig-fädigem Hüllgewebe, Kern mit dicht geschlossenen Teilkernen.

Sproß 1—6 cm hoch, rosenrot, am Grunde fast stielförmig, mehrmals gabelig geteilt, Abschnitte linealisch, ½ bis über 2 mm breit, Endabschnitte gespitzt. Adriatisches Meer.

G. furcata (Ag.) J. Ag.

5. Gattung: **Champia** Desv.

Sproß von weicher Konsistenz, stielrund, röhrig hohl, aber durch zellige Querscheiben septiert; Mark aus einem Bündel dünner Markfäden gebildet, die zur Bildung der Höhlung auseinanderweichen u. der Wandung anliegen, Markfäden mit kleinen Drüsenzellen; Sproßwandung dünn, wenigschichtig; Sporangien tetraedrisch geteilt, groß, unterhalb der Außenschicht entwickelt; Cystok. vorspringend, Fruchthöhlung mit netzig-fädigem Hüllgewebe.

Rasenbildend, 3—6 cm hoch, Sprosse hellpurpur- bis dunklerrot, leicht gliederartig eingeschnürt (in den Hauptästen kaum eingeschnürt), reich verzweigt, Zweige abwechselnd, gegenständig oder fast wirtelig, abstehend; Glieder tonnenförmig, sehr kurz, so lang oder 1½ mal so lang als breit; Cystok. zerstreut, krugförmig-eiförmig vorspringend. Adriatisches Meer (Fig. 111, mit Cystok.).

C. parvula (Ag.) J. Ag.

6. Gattung: **Lomentaria** Lyngb.

Sproß häutig-gallertig, stielrund, verzweigt, durch zellige Querscheiben septiert, röhrig-hohl, Wandung kleinzellig; Sporangien zerstreut, tetraedrisch-geteilt, unterhalb der Außenschicht entwickelt; Cystok. vorspringend, Fruchthöhlung ohne Hüllgewebe.

Rasig wachsend, Sprosse rosenrot bis dunkler rot, 3—15 cm hoch, 1—3 mm dick, stark eingeschnürt gegliedert, reich dichotomisch bis trichotomisch geteilt, außerdem auch mit kleinen Zweiglein aus den Gliedern, Glieder 2—4 mal so lang als breit; Cystok. krugförmig. Adriatisches Meer, untere lit. bis sublit. Reg. (Fig. 110). Var. linearis (Zanard.) De Toni. Häufig etwas verworrene Rasen bildend, 6—12 cm hoch, Zweige u. Glieder länger u. schmaler. Adriatisches Meer. **L. articulata** (Huds.) Lyngb.

7. Gattung: **Gastroclonium** Kütz.

Sprosse stielrund, verzweigt, im Aufbau denen der Gattung Champia durchaus ähnlich; Cystok. einfacher organisiert als bei dieser Gattung, die Wandung ohne Porus, der Gonimoblast von netzig-fädigem Hüllgewebe eingeschlossen.

1. Sprosse durchaus oder fast durchaus röhrig hohl. 2.

Sproß im unteren Teil solid, stengelartig, gabelig in Äste geteilt, 4—8 cm hoch, dicht, olivfarben oder purpurn-irisierend, Zweige an den Ästen dicht gestellt, fast büschelig, röhrig, ± verlängert, im Umfang linealisch bis lanzettlich, röhrig, ± gegliedert eingeschnürt, nackt oder mit kleinen wirtelig gestellten Zweiglein besetzt. Adriatisches Meer. (G. salicornia Kütz.)

G. clavatum (Roth) Ardiss.

2. Sproß rispig verzweigt, bis 30 cm lang, gallertig-häutig, heller bis dunkelrot oder mehr gelblich, Haupttrieb oder Hauptäste dicklich, röhrig, schwach oder kaum gegliedert, Zweige meist gegenständig,

5*

abstehend, ± gliederförmig eingeschnürt, die unteren Glieder
mehrmals länger als der Durchmesser, Glieder oft mit ganz kleinen
Zweiglein wirtelig besetzt; Cystok. kugelig, oft ± gedrängt. Adriatisches Meer, obere lit. Reg., an Felsen u. Cystosiren, bis obere
sublit. Reg. (Fig. 112). Var. squarrosa (Kütz.) J. Ag. Sproß
fast zylindrisch, 3—10 cm lang, Zweige stark abstehend, kaum an
den Gliedern eingeschnürt. Adriatisches Meer.
G. kaliforme (Good. et Wood.) Ardiss.
Sproß 2—5 cm lang, purpurviolett, Äste unterwärts niederliegend, zurückgekrümmt, häufig wurzelnd, undeutlich gegliedert,
mit aufsteigenden, einzeln oder zu zweit stehenden gegliedert-
zusammengezogenen Zweigen, die kaum oder nicht weiter verzweigt
sind. Adriatisches Meer.   G. reflexum (Chauv.) Kütz.

8. Gattung: Chylocladia Grev.

Sproß röhrig, von Längsfäden innen schwach durchzog en, ohne
zellige Querscheiben, hier u. da zusammengezogen, Wandung mit
nach innen größeren, nach außen sehr kleinen Rindenzellen; Sporangien tetraedrisch geteilt, groß, eingesenkt, in Gruppen in verdickten
Zweiglein; Cystok. nach außen konisch bis fast kugelig vorspringend,
Fruchthöhlung mit Füllgewebe.
1. Sprosse reichlich verzweigt, über 5 cm hoch.   2.
    Sproß zierlich, 1½—4 cm hoch, hellrot, zart membranös, Äste
von schmal ovaler oder lanzettlicher Form, zusammengedrückt,
fiederig ± gegenständig verzweigt, Zweiglein oval, blättchenförmig,
am Grunde stark zusammengezogen; Sporangien tetraedrisch geteilt, in Gruppen an den kleinen Fiederzweiglein. Nordsee, Helgoland, sublit. Reg.   C. rosea Harv.
2. Sprosse rasig wachsend, untereinander verworren u. verklebt,
schwer trennbar, purpurrot, aufrecht, 7—10 cm hoch, bis 2 mm
dick, ziemlich steif, stark verzweigt, untere Zweige gegenständig,
obere zerstreut, Zweiglein stumpf; sporangientragende Zweiglein
lanzettlich verbreitert; Cystok. kugelig-eiförmig, zerstreut. Adriatisches Meer.   C. firma J. Ag.
    Sprosse nicht verworren u. verklebt.   3.
3. Sprosse rosenrot, gallertig-zarthäutig, 10—15 cm, auch bis über
    20 cm hoch, 0,5—3 mm dick, stielrund oder etwas zusammen-
    gedrückt, reich fiederig oder allseitig verzweigt, Zweige allmählich
    nach der Spitze zu verschmälert, am Grunde zusammengezogen,
    mit kleinen Zweiglein besetzt; Sporangien in Häufchen an ± ver-
    dickten Stellen der Zweiglein; Cystok. an den Zweiglein, krug-
    förmig-eiförmig; einjährig. Nordsee, Helgoland, sublit. Reg., an
    Laminaria-Stielen u. Steinen; Adriatisches Meer, untere lit. Reg.
C. clavellosa (Turn.) Grev.
Sprosse rasig wachsend, purpurrot oder braunrot, 6—8 cm hoch,
über 1 mm dick, aufrecht, etwas steif, von Grund ab verzweigt,

etwas zusammengedrückt, fast zweizeilig gefiedert, Fiedern opponiert bis teilweis quirlig, Zweiglein nach oben u. unten zu verdünnt; Cystok. kuglig-eiförmig. Adriatisches Meer. (C. mediterranea Zanard.) **C. compressa** (Kütz.) Ardiss.

10. Familie: **Delesseriaceae.**

Sproß flach, oft blattartig, mit $\pm$ deutlicher Scheitelzelle; Sporangien tetraedrisch geteilt, vielfach in charakteristischen Gruppen; Prokarpien zerstreut oder zahlreich in kleinen Fruchtzweiglein, dann aber nur eines weiter entwickelt; Karpogonzweig in Verbindung mit der Auxiliarzelle; diese wächst zum Gonimoblasten aus, nachdem sie sich mit angrenzenden Zellen fusioniert u. nach oben gestreckt hat; Cystok. $\pm$ stark vorspringend, mit endständiger Öffnung, Fruchtwand von der Plazenta abgelöst, Fruchtkern dicht, Teilkerne $\pm$ abgegrenzt.

Bestimmungstabelle der Gattungen.

A. Cystok. an der Mittelrippe oder auf besonderen Fruchtblättchen; Scheitelzelle deutlich. **1. Delesseria.**

B. Cystok. zerstreut; Scheitelzelle bald $\pm$ undeutlich.

2. Nitophyllum.

1. Gattung: **Delesseria** Lamour.

Sproß flach, nach unten zu meist stengelig, nach oben zu blattartig ungeteilt oder verschieden geteilt oder gelappt, vielfach proliferierend; Mittelrippe hervortretend, oft auch die zarteren Seitennerven; Scheitelzelle sehr deutlich; Sporangien tetraedrisch geteilt; Cystok. an der Mittelrippe oder auf besondere Fruchtblättchen beschränkt, auswärts vorspringend, Gonimoblast $\pm$ emporgewölbt, Teilkerne $\pm$ deutlich getrennt.

1. Blatt aus der Mittelrippe proliferierend verzweigt. 2.

    Blatt nicht so verzweigt. 3

2. Seitennerven nicht bemerkbar; Sproß blattartig, zarthäutig, linealisch-lanzettlich, hochrot, 3—10 cm hoch, von sehr verschiedener Breite (bis 5 mm), Mittelrippe deutlich, Rand glatt oder gekräuselt-wellig; Blatt durch blattartige, einzeln oder zu zwei stehende Prolifikationen aus der Mittelrippe $\pm$ fiederartig verzweigt; Sporangien in Sori längs der Mittelrippe; Cystok. an der Mittelrippe sitzend. Adriatisches Meer, obere bis untere lit. Reg. (Fig. 117). **D. hypoglossum** (Woodw.) Lamour.

    Seitennerven $\pm$ deutlich, Sprosse rasig wachsend, 2—7 cm hoch, Blatt kurz gestielt, linealisch-länglich, hochrot, Mittelrippe deutlich, Rand glatt; Blatt durch oblonge bis linealische Prolifikationen aus der Mittelrippe verzweigt; Sporangien in schmalen Sori längs der Mittelrippe zu beiden Seiten; Cystok. auf der Mittelrippe.

Nordsee, Helgoland, sublit. Reg., rasch vergänglich, nur im Sommer;
Adriatisches Meer.   **D. ruscifolia** (Turn.) Lamour.

3. Sproß nach dem Grunde zu stengelig, einfach oder verzweigt.
dann mehrere Blätter tragend, Blätter zart, schön rot, lanzettlich
oder oblong, bis 15 cm lang, am Rande wellig-faltig, Seitennerven
sehr deutlich; im Herbst werden die Spreiten zerschlitzt u. endlich
abgeworfen, die Mittelrippe überdauert den Winter, an ihr entstehen im Winter die Fortpflanzungsorgane an kleinen Seiten-
sprößchen, Cystok. so gestielt erscheinend, viele an der Mitteil-
rippe, kugelig bis eiförmig, Sporangien an kleinen Blättchen.
Häufig; westl. Ostsee, lit., sublit. Reg. an Steinen u. großen Algen;
Nordsee, sublit. (Fig. 114). In der Ostsee die forma lanceolata
mit verlängerten, sehr schmal lanzettlichen Blättern.
                    D. sanguinea (L.) Lamour.
Sproß nach unten zu stengelig, nach oben blattförmig, schön
rosarot, zart, von geringer Größe oder bis über 20 cm hoch, Blatt
länglich oval, eingebuchtet, gelappt bis fiederspaltig; fruktifiziert
im Winter, Cystok. an den Seitennerven an den Spitzen der Blätter
an eiförmigen Blättchen, Sporangien in mehr rundlichen Blättchen.
Westl. Ostsee, lit., sublit. Reg. ziemlich häufig; Nordsee, Helgoland,
sublit. Reg. (Fig. 116). In der westl. Ostsee die f. lingulata mit
dünnem Stengel u. schmalem Blatt, das zuweilen kaum eingebuchtet
ist.   **D. sinuosa** (Good. et Wood.) Lamour.
Sproß tiefrosarot, bis 12 cm hoch, schmal blattartig, vielfach
gabelig u. abwechselnd geteilt, Abschnitte linealisch, bis 5 mm breit,
Mittelrippe deutlich, breit, Seitennerven kaum bemerkbar;
Sporangien zu beiden Seiten der Mittelrippe oder auf kleinen Blättchen; Cystok. auf der Mittelrippe oder in achselständigen kleinen
Fruchtblättchen. Westl. Ostsee, lit., sublit. Reg.; Nordsee,.Helgo-
land, in flachem Wasser (Fig. 115). In der westl. Ostsee die forma
angustissima mit sehr schmalem Sproß, der fast nur aus der ±
zweischneidigen Mittelrippe besteht. **D. alata** (Huds.) Lamour.

2. Gattung: **Nitophyllum** Grev.

Sproß blattartig flach, sehr dünn, manchmal am Grunde stengelartig, öfters ± deutlich geadert; Sporangien in verschieden gestalteten Sori auf der Sproßfläche, tetraedrisch geteilt; Cystok. zerstreut, flach vorgewölbt.

1. Sporangien-Sori einzeln unterhalb der Spitze der Sproßabschnitte. 2.
    Sporangien-Sori randständig oder in der Mitte des Sprosses
zerstreut.   3.
2. Sproß 3—6 cm hoch, dunkelrot, zarthäutig, unregelmäßig gabelig
geteilt oder auch etwas fiederig gespalten; Abschnitte fast gleichbreit, 2—4 mm breit, Endabschnitte zugespitzt, öfters ± hakig gekrümmt; Rand öfters mit kleinen spitzlichen oder stumpflichen
Zacken besetzt. Adriatisches Meer.
                    N. uncinatum (Turn.) J. Ag.

Sprosse büschelig wachsend, 2—4 cm hoch, schön rosenrot, undeutlich netznervig, zarthäutig, unregelmäßig gabelig geteilt, oder auch verbreitert u. fiederig oder handförmig geteilt, Abschnitte linealisch, 2—4 mm breit, am Rand oft gezähnelt, Endabschnitte stumpf. Adriatisches Meer. **N. venulosum** Zanard.

3. Sprosse büschelig wachsend, 2—5 cm hoch, schön rot, häutig, mit zartem Mittelnerv in den Abschnitten, etwas gestielt, unregelmäßig fiederig bis gabelig geteilt, Abschnitte 2—4 mm breit, meist nach oben u. unten zu verschmälert, am Rande $\pm$ mit kürzeren, spitzen Abschnitten besetzt; Sporangien-Sori schmal längs der Ränder der Abschnitte. Adriatisches Meer.

N. Sandrianum (Zanard.) Crouan

Sprosse büschelig wachsend, 5—10 cm hoch, hellrot, ungenervt, sehr zart, im Umriß ungefähr fächerförmig, gabelig geteilt, mit linealischen, 2—5 mm breiten Abschnitten oder auch nach unten zu verbreitert u. fast handförmig geteilt, Rand glatt, Endabschnitte stumpf abgerundet; Sporangien-Sori rundlich oder länglich, in der Mitte des Sprosses zerstreut. Adriatisches Meer (Fig. 118).

N. punctatum (Stackh.) Grev.

11. Familie: **Bonnemaisoniaceae.**

Kleine bis mittelgroße Algen; Sproß unverzweigt, dicklich, oder reichlich fiederig verzweigt, mit Zentralachse; Auxiliarzellen vor der Befruchtung nicht besonders kenntlich; Cystok. vorspringend mit Porus am Gipfel u. schwach entwickelter Plazenta; Gonimoblast mit langer Stielzelle mit dieser verbunden, von einem Zweigbüschel gebildet, dessen Endzellen zu keulenförmigen Karposporen werden.

Übersicht über die Gattungen.

A. Sproß reichlich verzweigt.   **1. Bonnemaisonia.**
B. Sproß reduziert, unverzweigt.   **2. Ricardia.**

1. Gattung: **Bonnemaisonia** Ag.

Sproß dünn, abgeflacht, 2-zeilig abwechselnd fiederartig verzweigt, die Zweige durch kleine Zweiglein 2-zeilig fiederig gewimpert; Zentralachse entwickelt; Cystok. an der Spitze besonderer Zweiglein, die den Wimpern gegenüberstehen, somit gestielt erscheinend, Gonimoblast gedrungen, mit großen Sporen.

Sproß 5—15 cm hoch, ungefähr 3—4-fach gefiedert, unten bis 1 mm dick, purpurrot, gallertig häutig. Adriatisches Meer (Fig. 119).

B. asparagoides (Woodw.) Ag.

2. Gattung: **Ricardia** Derb. et Sol.

Parasit mit reduziertem Sproß, unverzweigt; Sproß am Grunde stielrund, solid, nach oben zu blasig, röhrig hohl, Wand dicht geschlossen, die Zellen nach innen zu ziemlich groß, nach außen zu

klein werdend; Sproß oben mit dünnen langen einreihigen Fadenwimpern besetzt; Sporangien tetraedrisch geteilt, zahlreich in der
Außenrinde des oberen Teiles, Cystok. im oberen Teil zerstreut,
halbkugelig vorspringend.

Sproß birnförmig bis keulenförmig, 3—10 mm lang, dunkelrot.
Parasit auf den Zweigen von Laurencia obtusa im Adriatischen
Meer (Fig. 120).   **R. Montagnei** Derb. et Sol.

12. Familie: **Rhodomelaceae.**

Sproß stielrund oder abgeflacht, $\pm$ stark verzweigt, radiär oder
dorsiventral (d. h. mit deutlich unterschiedener Bauch- u. Rückenseite) organisiert, mit polysiphoner Achse; diese gebildet aus der
monosiphonen Zentralachse, die mit quer oder schräg gegliederter
Scheitelzelle fortwächst u. einen Kranz von Perizentralzellen in
wechselnder Zahl abschneidet (Fig. 125, 126) (Ausnahme siehe
Laurencia, Dasyopsis); polysiphone Achse nackt oder durch
verflochtene Rhizoiden aus den Perizentralen oder parenchymatisch,
durch weitere Zellteilungen aus den Perizentralen $\pm$ dick berindet;
Achse, namentlich an den jüngeren Teilen, meist mit zarten, monosiphonen, verzweigten, $\pm$ abfälligen Haarzweigen besetzt; Sporangien
in wenig veränderten Zweiglein oder in Stichidien (d. h. deutlich abgegrenzten u. $\pm$ besonders ausgestalteten fertilen Zweiglein) einzeln
von den Perizentralen gebildet (Fig. 125, 126), $\pm$ von kleinen Deckzellen bedeckt (Ausnahme siehe Laurencia); Antheridienstände an
Haarzweigen entwickelt, abgegrenzte Zellkörper von verschiedener
Form; an den Prokarpien in Verbindung mit dem Karpogonzweig die
Auxiliarmutterzelle; nach deren Teilung wird die obere Teilzelle
Auxiliarzelle, die nach der Verbindung mit der nahegelegenen Eizelle
zum Gonimoblast auswächst; Cystok. eiförmig, krugförmig oder fast
kugelig, mit Öffnung am Ende, den fertilen Sprossen außen direkt
oder meist mit kurzem Stiele aufsitzend (Fig. 127).

Bestimmungstabelle der Gattungen.

A. Sporangien dicht unter der äußersten Rindenzellschicht, ohne Be-
ziehung zu den Perizentralen entwickelt; polysiphone Zentralachse schon früh unkenntlich; Scheitelzelle grubig eingesenkt.
   a) Nicht parasitisch.   **1. Laurencia.**
   b) Kleiner Parasit.   **2. Janczewskia.**
B. Sporangien aus Nebenzellen der Perizentralzellen entwickelt,
   einreihig oder zweireihig in Stichidien oder in wenig abgegrenzten
   Sproßteilen.
   a) Sproß radiär organisiert.
      α) Haarzweige fehlend oder nur an der Sproßspitze u. bald
         abfällig.
      I. Sproß spiralig verzweigt, von rundlichem Querschnitt.

1. Kurztriebe borstenartig steif, abstehend, die Langtriebe ± dicht bedeckend.   **3. Digenea.**
2. Borstenartige Kurztriebe fehlend.
     * Polysiphone Achse nackt oder durch Rhizoiden
berindet.   **4. Polysiphonia.**
     ** Polysiphone Achse parenchymatisch berindet.
        † Sporangien in kurzen Zweiglein viele ab-
wechselnd.   **5. Chondria.**
        †† Sporangien in nicht deutlich abgegrenzten
Zweigen in schraubig gedrehter Längsreihe.
       6. Alsidium.
     *** Perizentralen quer- u. längsgeteilt, daher die
polysiphone Achse bald unkenntlich u. die Zentral-
Achse von einer geschlossenen Rinde umgeben.
       7. Rhodomela.
II. Sproß abgeflacht, 2-reihig abwechselnd verzweigt.
       8. Pterosiphonia.

β) Haarzweige bis tief herunter die Sprosse bekleidend.
       9. Brongniartella.

b) Sproß dorsiventral organisiert.
   I. Sporangien in den fertilen Sproßteilen einreihig gestellt.
     1. Sproß aufrecht.   **10. Streblocladia.**
     2. Sproß kriechend.
       * Gliederzellen 2-reihig abwechselnd mit Astpaaren
(Langtrieb u. Kurztrieb) besetzt.
       11. Dipterosiphonia.
     ** Langtriebe unregelmäßig verteilt.
       12. Lophosiphonia.
     *** Langtriebe mit den Kurztrieben regelmäßig ab-
wechselnd.   **13. Herposiphonia.**
   II. Sporangien in den fertilen Sproßteilen in 2 gegenständigen
Längsreihen.
     1. Sproß zylindrisch.   **14. Halopithys.**
     2. Sproß schmal geflügelt.   **15. Rytiphloea.**
     3. Sproß breit geflügelt, meist gedreht, am Rande mit
Zähnen besetzt.   **16. Vidalia.**

C. Sporangien aus den Nebenzellen der Perizentralzellen entwickelt,
Stichidien deutlich abgegrenzt, Sporangien in den Stichidien in
Wirteln von 4—6.
   a) Sproß dorsiventral organisiert.   **17. Heterosiphonia.**
   b) Sproß radiär organisiert.
     α) Polysiphone Achse mit 5 Perizentralen.
       18. Dasya.
     β) Zentralachse ohne Perizentralen, direkt von Rhizoiden be-
rindet.   **19. Dasyopsis.**

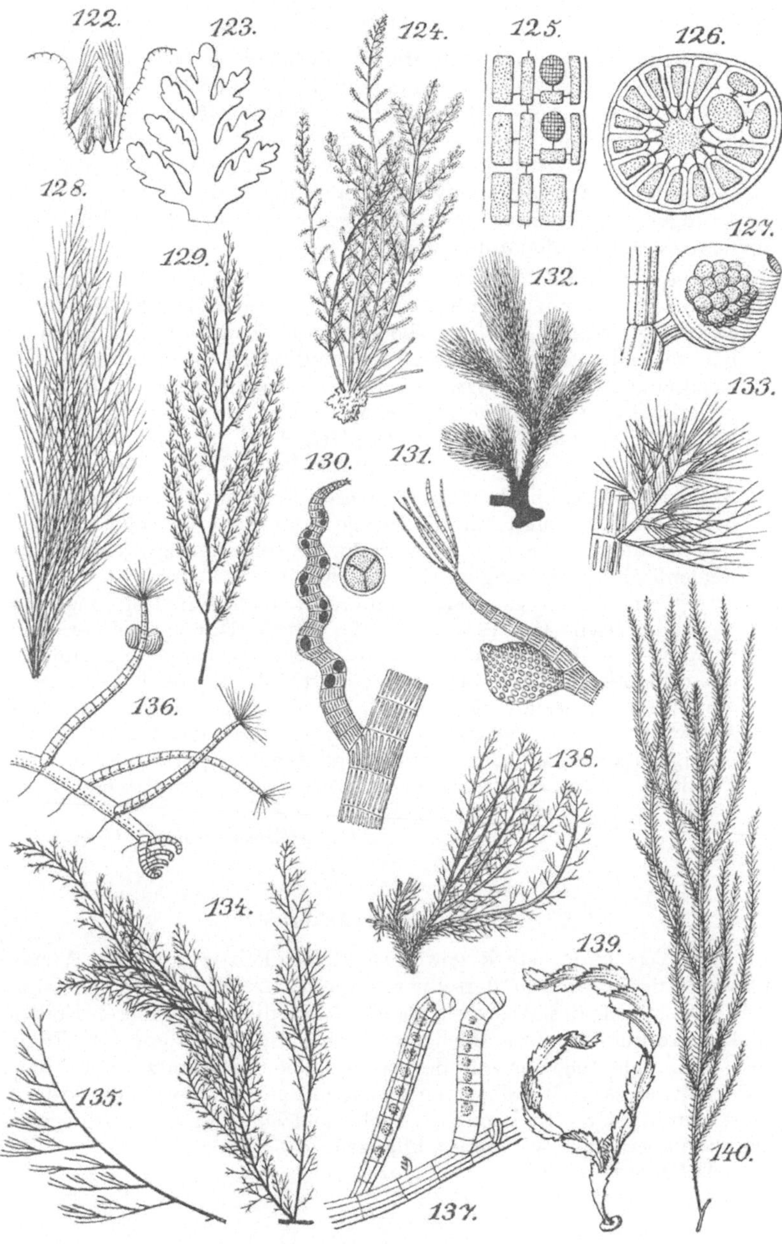

1. Gattung: **Laurencia** Lamour.

Sprosse stielrund oder abgeflacht, fleischig bis knorpelig, reichlich verzweigt; Spitzenwachstum durch eine grubig eingesenkte Scheitelzelle, die von bald abfälligen Haarzweigen umgeben ist (Fig. 122); Zentralachse nur an der Spitze erkennbar, weiter unten ein ziemlich großzelliges, dichtes Gewebe mit einer kleinzelligen Rindenschicht; Zweigenden stumpf; Sporangien an den letzten Auszweigungen, dicht unter der Rindenschicht gebildet; Cystok. den fertilen Zweigen außen aufsitzend.

1. Sprosse stielrund.   2.

   Sprosse nur am Grunde fast stielrund, nach oben zu flach zusammengedrückt, 5—15 cm hoch, bis 4—5 mm breit, dunkelrot bis gelblich- oder violettrot, fleischig-knorpelig, mehrfach abwechselnd zweizeilig verzweigt, Äste u. Zweige abstehend, am Ende abgerundet; Sporangien an der Spitze kaum veränderter Zweiglein. Adriatisches Meer; Nordsee, Helgoland, lit. Reg. (Fig. 123).

L. pinnatifida (Gmel.) Lamour.

2. Sprosse 8—15 cm hoch, bis 1,5 mm dick, gelblich, rötlich oder grünlich, stark verzweigt, Äste u. Zweige abstehend, abwechselnd oder gegenständig oder gedreit wirtelig, Zweige kurz, zylindrisch-keulenförmig; Sporangien in den wenig verdickten Enden der Zweiglein. Adriatisches Meer, untere lit. bis sublit. Reg., massenhaft an Felsen (Fig. 121).   L. **obtusa** (Huds.) Lamour.

   Sprosse 5—15 cm hoch, 1—2 mm dick, knorpelig-steif, dunkelolivgrün oder gelblich bis braunviolett, allseitig reich verzweigt, die Äste abwechselnd oder bis zu 5 wirtelartig genähert, die letzten Auszweigungen sehr kurz u. papillös gestaltet, gewöhnlich dicht, häufig knäuelig an den Zweigen gedrängt; Sporangien in den Papillen; Cystok. zahlreich an den Zweiglein. Adriatisches Meer, häufig in der oberen bis unteren lit. Reg.

L. papillosa (Forsk.) Grev.

2. Gattung: **Janczewskia** Solms.

Die Art bildet stark gewölbte kleine Polster auf der Wirtspflanze, die im Innern derselben durch zahlreiche Fäden befestigt sind; Oberfläche des Polsters höckerig durch die abgerundeten Enden dicker, verkürzter, zusammengewachsener Sprosse, diese am Ende mit einer Scheitelgrube mit der wachsenden Sproßspitze u. kleinen Haarblättern am Grunde; Sporangien unter der Oberfläche, kreuzweis geteilt; Cystok. klein, $\pm$ dicht gedrängt an der Oberfläche schwach höckeriger weiblicher Pflanzen.

Auf Laurencia obtusa; Adriatisches Meer.

J. verruciformis Solms

3. Gattung: **Digenea** Ag.

Sprosse aufrecht, stielrund, knorpelig fleischig, mit kräftigen Langtrieben u. dünnen Kurztrieben; polysiphone Achse an den Langtrieben nicht erkennbar, im Inneren ein vielzelliges Mark, nach außen eine mehr kleinzellige Rinde; Kurztriebe zahlreich über die Langtriebe zerstreut, meist unverzweigt, borstenartig steif, quergegliedert, mit 6—8 Perizentralen, die eine kleinzellige Rinde abgliedern; Fortpflanzungsorgane an den Kurztrieben; Sporangien in den etwas verdickten oberen Abschnitten; Antheridienstände klein, scheibenförmig, aus einzelnen Haarzweigen der Kurztriebe entwickelt; Cystok. einzeln, eiförmig.

Sprosse braunrot, 5—20 cm hoch, 2—3 mm dick, mehrmals unregelmäßig gablig geteilt, Kurztriebe meist 5—10 mm lang. Adriatisches Meer (Fig. 132).   **D. simplex** (Wulf.) Ag.

4. Gattung: **Polysiphonia.**

Sprosse dünn u. schlank, seitlich oder gabelig verzweigt, weich u. biegsam oder starr, mindestens nach oben zu deutlich quergegliedert, an den Spitzen meist mit abfälligen Haarblättern; Achse polysiphon (Fig. 125, 126), mit 4 oder mehr Perizentralen um die zentrale Zellreihe, dauernd nackt oder später durch fädige Rhizoiden berindet; Sporangien zerstreut oder in größerer Zahl in etwas verdickten, aber nicht weiter umgebildeten Zweigen (Fig. 130); Cystok. eiförmig oder breit krugförmig, kurzgestielt den Zweigen außen ansitzend (Fig. 127).   Zahlreiche schwer zu trennende Arten besonders der wärmeren Meere.

1. Perizentralen in Vierzahl.   2.
   Perizentralen mehr als vier.   11.
2. Sproß gänzlich unberindet oder nur unten schwach berindet. 3.
   Sproß bis hoch hinauf berindet.   7.
3. Sprosse 1—3 cm hoch, rasenbildend, braun, ziemlich steif, unten 120—200 μ dick, unterwärts niederliegend, ziemlich spärlich gabelig oder unregelmäßig verzweigt, Zweiglein nach oben zu zahlreicher; Cystok. krugförmig. Adriatisches Meer.
        P. pulvinata Kütz.
   Sprosse über 3 cm hoch.   4.
4. Sprosse unterhalb 60—90 μ dick; braun oder dunkelrot, dichte 2—8 cm hohe Rasen bildend, schlaff, Verzweigung reichlich, gabelig oder abwechselnd, Äste mit kurzen, abstehenden bis gespreizten Zweiglein besetzt; untere Glieder 2—5-, obere 1—2mal so lang als breit; Sporangien in gewundenen Zweigen lang gereiht; Cystok. krugförmig, gestielt. Adriatisches Meer. (P. acanthophora Kütz.)
        P. sertularioides (Grat.) J. Ag.
   Sprosse unterhalb über 100 μ dick.   5.

5. Glieder kurz, meist nur halb so lang als breit; Rasen 5—10 cm
   hoch, braun, Sprosse unterwärts ziemlich steif, 300—600 μ dick,
   gabelig oder unregelmäßig verzweigt, Äste aufrecht, mit kurze
   aufrechten oder abstehenden Zweiglein besetzt; Cystok. breit
   eiförmig, sitzend. Adriatisches Meer.
                        P. breviarticulata (Ag.) Zanard.
   Glieder länger als breit.   6.
6. Sprosse schlaff u. schlüpfrig, braun oder purpurn, in 5—15 cm
   hohen Rasen, unten 150—300 μ dick, allseitig abwechselnd verzweigt, Hauptäste u. Zweige verlängert; mittlere Glieder 4—9 mal
   so lang als breit u. darüber; Cystok. gestielt, breit eiförmig bis
   fast kugelig. Adriatisches Meer.
                           P. sanguinea (Ag.) Zanard.
   Sprosse braunrot, purpurn bis schwärzlich rot, in bis 15 cm
   hohen Rasen, unten 100—200 μ dick, ± gabelig u. gleichhoch
   verzweigt, die verlängerten Äste mit aufrechten Zweiglein abwechselnd u. zuweilen einseitig besetzt; mittlere Glieder 2—4 mal
   so lang als breit; Cystok. krugförmig, gestielt; perennierend.
   Westl. Ostsee, lit., sublit. Reg., häufig an Holz, Muscheln, größeren
   Algen usw.; Nordsee; selten im Adriatischen Meer (Fig. 128).
                           P. urceolata (Lightf.) Grev.
7. Sprosse mit durchlaufendem, robustem Hauptstämmchen,
   dunkelrot, bis 20 cm hoch, ± hoch hinauf berindet, Hauptäste
   verlängert, mit langen u. kurzen Zweigen abwechselnd oder
   fiederartig bedeckt, Zweige gegen die Spitze stark verdünnt u.
   dort mit gebüschelten Zweiglein besetzt; Cystok. breit eiförmig,
   sitzend. Westl. Ostsee, lit. Reg. an Steinen u. Fucus, selten;
   Nordsee.   **P. fibrillosa** (Dillw.) Grev.
   Sprosse nicht mit durchlaufendem Hauptstämmchen.   8.
8. Äste mit kurzen Zweiglein ± durchaus besetzt.   9.
   Äste ohne solche Zweiglein.   10.
9. Rasen 6—15 cm hoch, fast kugelig, verworren; Sprosse jung
   rosenrot, später purpurn oder braun, unten bis über 1 mm dick,
   gabelig u. auch abwechselnd verästelt, Äste in großem Winkel
   abstehend, ± mit 1—6 mm langen zarten, einfachen Zweiglein
   besetzt; Cystok. fast kugelig, ziemlich klein. Adriatisches Meer,
   untere lit. bis obere sublit. Reg.   **P. ornata** J. Ag.
   Rasen 5—15 cm hoch, fast kugelig, etwas verworren; Sprosse
   dunkelrot oder braun, unterhalb 400 μ bis über 1 mm dick, unten
   gabelig, dann allseitig abwechselnd reich verästelt, Äste später
   steif, mit einfachen, 0,5—2 mm langen Zweiglein besetzt, diese
   in der Jugend schlaff, später steif, dornartig. Adriatisches Meer.
                           P. spinosa (Ag.) J. Ag.
   Rasen 8—15 cm hoch, dicht; Sprosse unterhalb 300—700 μ
   dick, purpurbraun, trocken braunschwarz, allseitig abwechselnd
   reich verästelt; Äste rutenförmig, aufrecht oder abstehend, ± mit
   1—3 mm langen, meist einfachen Zweiglein besetzt; Cystok.

breit eiförmig oder kugelig, ziemlich klein. Adriatisches Meer.
P. foeniculacea (Drap.) J. Ag.

10. Sprosse hell bis dunkelrot oder braun, bis 20 cm hoch, unterhalb
bis 1 mm dick, reich verästelt, Äste verlängert, unten oft nackt,
oben oft dicht büschelig mit Zweiglein besetzt; in bezug auf
Berindung veränderlich, nur unterhalb oder hoch hinauf berindet;
Cystok. eiförmig kugelig, sitzend oder gestielt (Fig. 127). Östl.
Ostsee, westl. Ostsee, lit., sublit. Reg., häufig; Nordsee; Adriatisches Meer. Var. tenuissima Aresch. Zarte u. schlaffe Form,
Sprossenur unten berindet, Äste verlängert, mittlere Glieder
sehr gestreckt, 6—8 mal so lang als dick. Ostsee (auch im Osten).
P. violacea (Roth) Grev.
Sprosse fleischrot bis dunkelrot oder rotbraun, bis 30 cm hoch,
unten bis über 1 mm dick, robust, bis hoch hinauf berindet;
Äste rutenförmig, unten oft weniger, nach oben reicher verzweigt,
Zweige nach beiden Enden verdünnt; Cystok. eiförmig-kugelig,
sitzend oder gestielt; ausdauernd; östl. Ostsee (bis Ostpreußen),
westl. Ostsee, Nordsee, sublit. Reg., an Muscheln, Steinen, größeren
Algen; Adriatisches Meer, untere lit. bis obere sublit. Reg., an
Cystosiren. (P. robusta Kütz., P. arborescens Kütz.)
P. elongata (Huds.) Harv.

11. Sprosse unberindet. 12.
    Sprosse berindet. 17.
12. Perizentralen durchschnittlich weniger als zehn. 13.
    Perizentralen durchschnittlich mehr als zehn. 14.
13. Rasen dicht, fast kugelig, 10—15 cm hoch; Sprosse purpurrot,
unten 300—700 μ dick, reich, nach unten zu oft gabelig verzweigt, Zweige schlaff, die kleineren $\pm$ büschelig; Perizentralen
6—8; die mittleren Glieder 2—4 mal länger als der Durchmesser;
Cystok. breit eiförmig, kurz gestielt. Adriatisches Meer. Var.
divergens (J. Ag.) De Toni. Rasen dicht verworren, Sprosse
ausgebreitet, stark verzweigt, hier u. da wurzelnd, Äste abspreizend. Adriatisches Meer.
P. variegata (Ag.) Zanard.
Rasen dicht, fast kugelig ausgebreitet, 4—10 cm hoch, Sprosse
rot bis hellpurpurn, schlaff, unten 250—350 μ diek, reich gabelig
verzweigt, Äste abstehend, Zweige nach oben zu gedrängt, die
Endzweige $\pm$ zangenförmig gegeneinander gebogen, Perizentralen
8—9; untere Glieder meist 3—4mal, mittlere 2 mal länger als
breit; Cystok. eiförmig-kugelig, sitzend. Adriatisches Meer.
P. furcellata (Ag.) Harv.
Rasen dicht, 3—8 cm hoch, verworren; aufrechte Sprosse
weich, schlüpfrig, unterhalb 80—160 μ dick, aus niederliegenden
wurzelnden Fäden entspringend, allseitig oder $\pm$ gabelig verzweigt, Äste rutenförmig, $\pm$ mit 1—10 mm langen abstehenden
oder fast aufrechten Zweiglein besetzt; Perizentralen 8—10;
Glieder 1—2 mal länger als breit; Sporangien in den Zweig-

lein perlschnurartig gereiht; Cystok. nach oben zu kegelig. Adriatisches Meer.   **P. stuposa** Zanard.

14. Perizentralen in großer Zahl, 16 bis mehr als 20.   15.
    Perizentralen bis zirka 16.   16.

15. Rasen dicht, bis 10 cm hoch; aufrechte Sprosse braun oder dunkelpurpurn, unterhalb 150—400 μ dick, aus niederliegenden wurzelnden Fäden entspringend, allseitig abwechselnd verzweigt, Äste mit kurzen Zweiglein besetzt; Perizentralen 20 u. mehr; Glieder so lang oder bis 1 ½ mal so lang als breit; Sporangien in höckerigen, etwas spiralig gewundenen Zweiglein (Fig. 130); Cystok. sitzend, eiförmig bis fast kugelig (Fig. 131).   Adriatisches Meer, untere lit. Reg. (Fig. 129).   **P. opaca** (Ag.) Zanard.

    Rasen dicht, fast kugelig, 5—10 cm hoch; Sprosse braun oder braunrot, trocken schwarz, unterhalb 300—400 μ dick, reichlich gabelig verzweigt, die Zweiglein gegeneinander geneigt u. öfters zangenförmig; Perizentralen 16—24; Glieder $\frac{1}{2}$— $\frac{1}{3}$ so lang als breit; Sporangien an den Enden von Zweiglein; Cystok. eiförmig, an Stelle von letzten Auszweigungen.   Nordsee (Norderney, Wangeroge usw.), an Ascophyllum, Fucus.
                                       P. fastigiata (Roth) Grev.

16. Sprosse dunkelrot, braunrot oder purpurrot, bis 30 cm hoch, unten bis 1 mm dick, Äste rutenförmig, meist sehr reich, nach oben zu oft fein zweizeilig fiederartig verzweigt oder mehr büschelig verzweigt; Perizentralen 8—16; Sporangien in leicht gewundenen, etwas höckerigen Zweiglein; Cystok. breit eiförmig, kurz gestielt; ausdauernd; f. secundata (P. secundata Suhr) durch einseitige Verzweigung bemerkenswert.   Sehr häufig; östl. Ostsee bis Ostpreußen, westl. Ostsee, Nordsee, lit. u. sublit. Reg. an Steinen usw. u. an größeren Algen.
                                       P. nigrescens (Dillw.) Grev.

    Sprosse dunkelrot, trock. schwärzlich, rasig wachsend, 10—25 cm hoch, unterhalb 300—400 μ dick, Äste rutenförmig aufrecht, Zweige bei der jungen oder Cystok. tragenden Pflanze wenig zahlreich u. oft einfach, bei der Sporangien tragenden Pflanze reichlicher geteilt, Zweiglein oft gebüschelt; Perizentralen zirka 12 (8—14); Cystok. breit eiförmig oder fast kugelig, sitzend oder sehr kurz gestielt.   Nordsee, lit. Reg., z. B. Helgoland, an Kreideklippen.   **P. atrorubescens** (Dillw.) Grev.

    Sprosse rasig wachsend, ziemlich steif (Rasen 5—15 cm hoch, oft etwas verworren), braun bis braunrot, trocken oft schwärzlich, unterhalb 400—700 μ dick, Äste rutenförmig, mit 0,5—2 mm langen, meist einfachen, zugespitzten Zweiglein abwechselnd besetzt, jüngere obere Zweiglein mehr aufrecht, weicher u. weniger deutlich gespitzt; Perizentralen 12—13; Sporangien in geteilten, höckerigen Zweiglein.   Adriatisches Meer, untere lit. Reg. bis in größere Tiefen.   **P. subulifera** (Ag.) Harv.

17. Sprosse rasig wachsend (Rasen 2—15 cm hoch), purpurn oder mehr olivfarben, trocken schwärzlich, bis hoch hinauf berindet, unterhalb 300—600 μ dick, allseitig abwechselnd oder mehr fiederig verzweigt, Zweige mit kurzen einfachen oder etwas fiederig verzweigten Zweiglein abwechselnd besetzt, diese bei der Tetrasporen-Pflanze mehr geteilt; Perizentralen 8—12, Cystok. fast kugelig, sitzend. Adriatisches Meer. (P. Wulfeni J. Ag.)

P. fruticulosa (Wulf.) Spreng.

5. Gattung: **Chondria Harv.**

Sprosse aufrecht, stielrund, reich verzweigt, Zweigspitzen mit Haarzweigen, Zentralachse mit 5 Perizentralen, denen sich eine parenchymatische Rinde anschließt, deren Zellen nach außen kleiner werden; Sporangien meist viele in kurzen Zweigen abwechselnd; Antheridienstände an den untersten Gliedern von Haarzweigen, von breit plattenförmiger Gestalt; Cystok. eiförmig.

Sprosse 8—20 cm hoch, büschelig reich allseitig verzweigt, unten 1—2 mm dick, bräunlich rot, violettrot oder wachsgelb; Äste abstehend, in ihrer ganzen Ausdehnung mit 3—6 mm langen, keulenförmigen oder mehr zylindrischen Zweigen besetzt, die einzeln oder manchmal fast büschelig stehen; Sporangien oberhalb der Mitte keulenförmiger Zweiglein. Adriatisches Meer; Nordsee, Helgoland), lit. an Felsen, zerstreut. **C. dasyphylla** (Woodw.) Ag.

Sprosse 5—20 cm hoch, rispenartig verzweigt, unten 0,5—1 mm dick, bräunlich rot oder wachsgelb; Äste abstehend, allmählich verschmälert, in ihrer ganzen Ausdehnung mit kurzen, dünnen, nach beiden Enden verschmälerten Zweigen besetzt; Sporangienzweige spindelförmig. Forma divergens (J. Ag.) Hauck. In verworrenem Rasen wachsend, steif u. brüchig, Äste u. Zweige gespreizt. Freischwimmend in Salinengräben. Im Adriatischen Meere, zerstreut (Fig. 124). **C. tenuissima** (Good. et Woodw.) Ag.

6. Gattung: **Alsidium Ag.**

Sprosse fleischig bis knorpelig, $\pm$ reich seitlich verzweigt; Zentralachse mit 6—8 Perizentralen, von denen eine parenchymatische Rinde ausgeht; Haarzweige an den Zweigspitzen klein u. hinfällig; Sporangien in schraubig gedrehter Längsreihe in oberen, nicht deutlich abgegrenzten Zweigen; Cystok. wie bei Polysiphonia.

Sprosse zu mehreren aus einer krustenförmigen Haftscheibe, dunkelrot, fleischig oder später mehr knorpelig, stielrund, unten 1—2 mm dick, 8—15 cm hoch, unten spärlich, nach oben zu reicher verzweigt, Seitenäste ziemlich gleichmäßig entwickelt, allmählich zugespitzt, letzte Zweige öfters fast büschelig gedrängt. Adriatisches Meer. **A. corallinum Ag.**

Rasig wachsend, ausgebreitet, 2—5 cm hoch, Sprosse knorpelig, starr, dunkelrot oder bräunlich, 0,5—1 mm dick, rhizomartig nieder-

liegend, mit aufrechten, allmählich zugespitzten, einfachen oder
wenig geteilten Ästen, die nach oben zu kurze Zweiglein tragen.
Adriatisches Meer.　　　　　　　　**A. helminthochorton** Kütz.

7. Gattung: **Rhodomela** Ag.

Sprosse stielrund, aufrecht, seitlich reich verzweigt; Zentralachse gegliedert, Perizentralen quer- u. längsgeteilt, daher die polysiphone Achse bald unkenntlich und die Zentralachse von einer geschlossenen Rinde umgeben, deren Zellen nach außen kleiner werden;
Haarzweige an den Zweigspitzen bald abfällig; Sporangien zu 2 an
den fertilen Gliederzellen, in größerer Zahl in berindeten Zweigen;
Antheridienstände länglich, kurz gestielt, nahe der Spitze von
Zweigen; Cystok. kugelig-eiförmig, gestielt.

Sprosse bis 20 cm hoch, hellrot bis braunrot, später dunkler, bis
schwärzlichrot, fadenförmig, unten bis 1 mm dick, Äste lang rutenförmig, nach oben zu verzweigt, Zweiglein an den Spitzen oft gebüschelt; Fortpflanzungsorgane an den neuen Trieben im Frühling;
perennierend, die Herbst- u. Winterpflanze von den kleinen Zweigen
entblößt, von der Frühjahrspflanze sehr verschieden. Östl. Ostsee,
bis Ostpreußen, westl. Ostsee, Nordsee, sublit. Reg., manchmal bis zur
unteren lit. Reg., häufig u. verbreitet an Steinen u. größeren Algen
(Fig. 134).　　　　　　　　**R. subfusca** (Woodw.) Ag.

Der vorigen Art im Habitus sehr ähnlich, besonders dadurch
unterschieden, daß sich an den perennierenden Teilen des Sprosses
während des Winters kleine Büschel von Zweiglein ausbilden, die die
Fortpflanzungsorgane tragen; im Frühling rein vegetative neue
Triebe. Westl. Ostsee, sublit. Reg., seltener.　　　**R. virgata** Kjellm.

8. Gattung: **Pterosiphonia** Falkenb.

Sproß abgeflacht, deutlich gegliedert, 2-reihig abwechselnd verzweigt, nackt oder berindet, die zweizeiligen Äste mit stachelähnlichen
Fiederzweiglein besetzt; Haarzweige 0.

Rasen 2—5 cm hoch, dunkelrot, trocken schwarz; Sprosse gänzlich unberindet, 150—300 µ dick, am Grunde niederliegend, verworren
verzweigt, dann aufrecht, 2—3 mal gefiedert, die letzten Fiederchen
0,5—2 mm lang, aus breiterer Basis nach der Spitze verschmälert.
Adriatisches Meer, Dalmatien.　　　**P. pennata** (Roth) Falkenb.

9. Gattung: **Brongniartella** Bory.

Sprosse stielrund, bis tief herunter mit meist subdichotom verzweigten Haarzweigen besetzt, nackt (Fig. 133); Sporangien zahlreich in stichidienartigen fertilen Abschnitten der Zweige; Cystok.
wie bei Polysiphonia.

Sprosse purpurrot oder braunrot, bis 20 cm hoch, unten bis
1 mm dick, allseitig abwechselnd oder etwas fiederig verzweigt,
Haarzweige zahlreich klein, dicht büschelförmig; Perizentralen 7;

Sporangien einreihig. Westl. Ostsee, Nordsee, Helgoland, sublit. Reg., nur im Sommer; Adriatisches Meer. (Polysiphonia byssoides Grev.) (Fig. 133.)   **B. byssoides** (Good. et Wood.) Grev.

10. Gattung: **Streblocladia** Schmitz.

Sprosse aufrecht, stielrund, dorsiventral ausgebildet, Zweige in alternierenden Reihen auf der Rückenseite der Äste genähert; Sporangien in kaum merklich umgewandelten fertilen Zweigen.

Rasen 4—10 cm hoch; Sprosse purpurrot, unberindet, unterhalb 300—800 μ dick, mit 5 Perizentralen, zunächst fast gabelig verästet, Zweige an den Ästen rückenständig; Haarzweige 0; Sporangien in den letzten Auszweigungen, in gerader rückenständiger Längsreihe oder alternierend rechts u. links von der Mittellinie; Cystok. breit eiförmig, kurz gestielt. Adriatisches Meer. (Polysiphonia platyspira Kütz). (Fig. 135.)   **S. collabens** (Kütz.) Falkenb.

11. Gattung: **Dipterosiphonia** Schmitz u. Falkenb.

Hauptsproß kriechend, durch Hafter befestigt, mit verzweigten Langtrieben u. unverzweigten Kurztrieben; unbegrenzte Langtriebe aus jeder Gliederzelle verzweigt, 2-reihig abwechselnd mit Astpaaren besetzt, von denen der obere, seitenständige zum Langtrieb, der untere, etwas nach dem Rücken verschobene zum Kurztrieb sich entwickelt; Sporangien in Mehrzahl in den Kurztrieben.

Kleine Rasen, einige mm bis 1 cm hoch, dicht verworren; Sprosse braun, unberindet, mit 5 Perizentralen, unterhalb 60—100 μ dick, Hauptäste niederliegend, mit Haftern befestigt, Äste aufrecht, Kurztriebe abspreizend, 200 μ bis 1 mm lang, gegen die Spitze verschmälert, mit einzelnen lang entwickelten Haarzweigen; einzelne Langtriebe u. Kurztriebe verkümmernd. Adriatisches Meer, an Cystosiren usw., besonders an Rytiphloea.

D. rigens (Schousb.) Falkenb.

12. Gattung: **Lophosiphonia** Falkenb.

Sproß kriechend, mit Haftern befestigt, nackt, an der Spitze später meist gerade vorgestreckt; Langtriebe unregelmäßig verteilt, besonders an den Flanken, Kurztriebe unverzweigt, aufrecht, auf dem Rücken, mit Haarzweigen nach oben zu; Sporangien in einer Längslinie ± zahlreich im unteren oder mittlern Teil der Kurztriebe.

Rasen ausgebreitet, dicht, 1—2 cm hoch, dunkelpurpurn; Sprosse kriechend, verzweigt, 60—90 μ dick, die aufrechten Kurztriebe anfangs stark gekrümmt; Perizentralen 12—18. Adriatisches Mere.

L. obscura (Ag.) Falkenb.

Rasen dicht, 1—2 cm hoch, rotbraun; Sprosse kriechend, verzweigt; Kurztriebe bis 1½ cm hoch, reichlich mit Haarzweigen besetzt; Perizentralen 6. Adriatisches Meer.

L. subadunca (Kütz.) Falkenb.

6*

13. Gattung: **Herposiphonia** Näg.

Sprosse kriechend, durch Hafter befestigt, seitlich verzweigt, nackt; deutliche Scheidung von Lang- u. Kurztrieben; Langtriebe an den Seiten der Sprosse, zweizeilig abwechselnd, an der Spitze eingerollt; Kurztriebe auf dem Rücken, zweizeilig abwechselnd, an den langtriebfreien Gliedern, kurz, mit abfälligen verzweigten Haarzweigen (Fig. 136), Sporangien in Längsreihen im mittleren Teil der Kurztriebe (Fig. 137). Cystok. an den Kurztrieben, kugelig oder eiförmig (Fig. 136).

Rasen 1—2 cm hoch, verworren, rosenrot, später dunkelrot oder braun; Sprosse mit 8—10 Perizentralen, 80—120 μ dick, etwas steif, kriechend, dann aufsteigend, verzweigt; Kurztriebe 1—2 mm lang, mit 14—20 Gliedern; Sporangien zu 3—6 in der Mitte der Kurztriebe (Fig. 137); Cystok. eiförmig, einzeln oder zu zwei. Adriatisches Meer.

H. secunda (Ag.) Näg.

Rasen 1—2 cm hoch, etwas verworren, rosenrot; Sprosse mit 8—10 Perizentralen, schlaff, kriechend, dann aufsteigend, reich verzweigt; Kurztriebe etwas länger, aus 15—30 Gliedern gebildet; Sporangien 20—30 in den Kurztrieben perlschnurartig gereiht. Adriatisches Meer (Fig. 136).　　　　**H. tenella** (Ag.) Näg.

14. Gattung: **Halopithys** Kütz.

Sproß dorsiventral organisiert, aufrecht, zylindrisch, fleischig, mit 5 Perizentralen u. dicht geschlossener, nach außen kleinzelliger Rinde; Äste in zwei Längszeilen, häufig ungefähr gegenständig, in ähnlicher Weise weiter geteilt, Spitzen eingekrümmt, in der Mittellinie der Rückenseite mit Längsreihe abfälliger Haarzweige; Stichidien aus den Endabschnitten der Seitensprosse gebildet, mit 2 Längsreihen von Sporangien; Antheridienstände oval, an den eingekrümmten Spitzen; Cystok. fast kugelig, auf der Rückenseite der stielchenähnlich ausgebildeten Fruchtzweiglein einzeln oder zu mehreren.

Dunkelrot, trocken schwarz, bis 20 cm hoch, unten 2—4 mm dick, Äste mit vielen 3—20 mm langen $\frac{1}{4}$—$\frac{1}{2}$ mm dicken Zweigen, die an ihrem Grunde anscheinend achselständig oft büschelartig genähert sind; perennierend. Adriatisches Meer, untere lit., seltener sublit. Reg.　　　　**H. pinastroides** (Gmel.) Kütz.

15. Gattung: **Rytiphloea** Ag.

Sproß aufrecht, knorpelig, schmal bandartig abgeflacht, mit 5 Perizentralen, berindet, Rinde nach außen kleinzellig; Hauptäste an der Spitze eingerollt, aus den Seiten abwechselnd fiederartig verzweigt, Zweige ebenso ± weiter geteilt; Rückenseite der eingerollten Spitze mit einer Längsreihe abfälliger Haarzweige; Fortpflanzungsorgane wie bei Halopithys.

Rasig wachsend, bis 12 cm hoch, Hauptäste 1—2 mm breit, bräunlich, trocken schwarz; perennierend. Adriatisches Meer, häufig in der sublit. oder auch bis zur lit. Reg. (Fig. 138). Gibt einen roten Farbstoff. **R. tinctoria** (Clem.) Ag.

16. Gattung: **Vidalia** Lamour.

Sproß aufrecht, fleischig-knorpelig, blattartig-bandartig abgeflacht, meist schraubig gedreht; polysiphone Achse mit 5 Perizentralen u. 2-schichtigem breitem Flügelsaum, von ziemlich dünner, kleinzelliger Rinde umgeben; Seitenäste zu randständigen größeren oder kleineren Zähnen verkümmert, größere Äste nur adventiv aus der Mittellinie der flachen Sprosse; sporangientragende Randzähne etwas stärker entwickelt, gefiedert, Sporangien in den stichidienartigen oberen Abschnitten der Fiederchen, die schwach vom sterilen Teil abgegrenzt sind; Cystok. endständig an kleinen Fiederchen von Randzähnen, fast kugelig.

Sproß 10—20 cm hoch, 5—10 mm breit, nach dem Grunde fast zylindrisch, dunkelrot, trocken schwärzlich; perennierend. Adriatisches Meer, sublit., häufig gesellig in größerer Tiefe (Fig. 139).

V. volubilis (L.) J. Ag.

17. Gattung: **Heterosiphonia** Montagne.

Sproß meist aufrecht, dorsiventral organisiert, Äste zweireihig entwickelt, teils zu unbegrenzten Langtrieben auswachsend, teils schwächer entwickelt, gabelig verzweigt, unterwärts polysiphon, nach oben in monosiphone Haarzweige ausgehend; Zentralachse mit vier oder mehr Perizentralen, von denen öfters Rhizoiden entspringen, die eine $\pm$ dicke sekundäre Rinde bilden; Sporangien in deutlich abgesetzten Stichidien, die aus jüngeren Teilen der Haarzweige entstehen; Cystok. wie bei Dasya.

Schmutzigrot, 2—4 cm hoch, fadenförmig dünn, unberindet, etwas abgeflacht, Sproß am Grunde kriechend, Äste häufig gebogen, Zweiglein bis zirka 1 mm lang, gabelig geteilt, nur ganz am Grunde polysiphon, sonst monosiphon. Adriatisches Meer, lit., sublit. Reg., an größeren Algen. **H. Wurdemannii** (Bailey) Falkenb.

Hochrot, 10—30 cm hoch, derberer oder zarterer Konsistenz, unten 1—2 mm dick, wiederholt abwechselnd abstehend fiederig verzweigt, Zweiglein nach unten polysiphon, nach oben monosiphon. Nordsee, Helgoland. **H. coccinea** (Huds.) Falkenb.

18. Gattung: **Dasya** Ag.

Sproß aufrecht, steilrund, fadenförmig, allseitig verzweigt, sympodial entwickelt, indem sich die Fußstücke der einander folgenden Äste zur Hauptachse entwickeln, die Oberstücke zu weiter verzweigten Langtrieben oder zu monosiphonen Haarsprossen werden, die zart $\pm$ dicht die Äste bedecken; Zentralachse mit 5 Perizentralen, aus derem unteren Ende Rhizoiden entspringen, die den Sproß berinden; Stichidien länglich, gespitzt, radiär gebaut, aus Zweiglein der Haarzweige gebildet, monosiphon gestielt, Sporangien in Wirteln von 5; Antheridienstände ebenso gestellt, länglich; Cystok. ei- bis urnenförmig, gestielt seitlich am Sproß.

1. Sproß mehrfach verzweigt. 2.

 Sproß meist nur am Grunde geteilt, Hauptäste einfach oder nur gelegentlich verzweigt; meist 2—3, doch auch bis 5—6 cm hoch, purpurrot, bis zur Spitze dicht berindet, unten bis ½ mm dick Äste durchaus mit 2—3 mm langen sehr schlaffen monosiphonen Haarzweigen besetzt, die an den Astspitzen schopfig gedrängt sind. Adriatisches Meer, obere bis untere lit. Reg.

D. ocellata (Gratel.) Harv.

2. Haarzweige sehr zart u. schlaff. 3.

 Haarzweige etwas derb u. kurzzellig, ± starr u. spreizend, 1—2 mm lang, überall die Äste bedeckend; Sproß bis 5, seltener bis 8—10 cm hoch, bis 1 mm dick, mit abstehenden Ästen allseitig geteilt, schmutzigrot; Berindung erst später u. nur spärlich entwickelt; Cystok. krugförmig, an verkürzten Zweiglein sitzend. Adriatisches Meer, untere lit. Reg. bis in größere Tiefen.

D. arbuscula Ag.

3. Sproß 20—50 cm lang, unten bis 5 mm dick, schlaff, bräunlich oder rot, dicht berindet, allseitig schwach verzweigt, Äste lang rutenförmig; Haarzweige dicht gleichmäßig die Äste bedeckend, gabelig geteilt; Cystok. krugförmig, seitlich an der Spitze kurzer Zweiglein, durch deren kurze abgedrängte Spitze gespornt. Adriatisches Meer, sublit. Reg. (Fig. 140).

D. elegans (Mart.) Ag.

 Sproß 5—10 cm hoch, karminrot, unten 1—2 mm dick, dicht berindet, mehrmals verzweigt; Haarzweige 2—5 mm lang, Sproß u. Äste nach dem Grunde zu meist ± nackt. Adriatisches Meer, obere bis untere lit. Reg., an Felsen u. anderen Algen.

D. punicea Menegh.

19. Gattung: **Dasyopsis** Zanard.

 Sprosse stielrund oder abgeflacht, allseitig verzweigt, berindet, kleine Zweige nur im unteren Teil berindet, in monosiphone abfällige Haarzweige ausgehend; Perizentralen 0, die Gliederzellen direkt durch Rhizoiden berindet; Stichidien wie bei Dasya abgegrenzt.

1. Sproß stielrund. 2.

 Sproß flach zusammengedrückt, 2—6 cm hoch, bis über mm breit, häutig knorpelig, dunkel purpurrot, in der Jugend heller, berindet (Rindenzellen nach außen klein), ·gegen die Spitze nur wenig verschmälert, zweizeilig aus den Kanten fiederartig verzweigt, an den Zweigen kleine 1—2 mm lange Fiederzweiglein, diese abstehend, nach der Spitze zu 1—3 mal gegabelt, in der Jugend in sehr zarte monosiphone Haarzweige ausgehend, später kahl, berindet; Stichidien an der Spitze von Zweiglein einzeln oder

mehrere sitzend, eiförmig-länglich. Adriatisches Meer, sublit.
Reg., in größerer Tiefe an Muscheln, Schwämmen usw.
D. plana (Ag.) Zanard.
2. Sproß 4—7 cm hoch, dunkelrot, knorpelig, dicht berindet, 0,5 bis
1,5 mm dick, gegen die Spitze allmählich verschmälert, schwach
verzweigt, Zweiglein an den Ästen allseitig, fast gespreizt, 1—2 mm
lang, in der Jugend (nach den Astspitzen zu) in 2—5 mm lange,
zarte Haarzweige ausgehend, später kegelförmig, kahl. Adriatisches Meer. **D. spinella** (Ag.) Zanard.
Sproß 5—15 cm hoch, bräunlich rot, berindet, unten über 1 mm
dick, allseitig abwechselnd verzweigt, Zweiglein an den Ästen
pfriemlich, bis 5 mm lang, berindet u. in zarte 3—6 mm lange
Haarzweige mit sehr langen Zellen ausgehend. Adriatisches Meer.
D. penicillata (Zanard.) Schmitz

13. Familie: **Ceramiaceae.**

Sproß dünn fadenartig, meist reichlich verzweigt, monosiphon
oder durch Zellfäden berindet oder mit ± dicker Rinde versehen, mit
deutlicher Zentralachse; Sporangien außen dem Sproß ansitzend oder
der Rinde eingesenkt, meist tetraedrisch oder kreuzförmig geteilt;
Prokarpien dem Sproß außen ansitzend; Auxiliarzelle von derselben
Zelle erzeugt, die auch den Karpogonzweig trägt; Cystok. außen dem
Sproß ansitzend, ohne eigentliche Fruchtwandung (vgl. hier Lejo-
lisia), nackt oder von Hüllzweiglein umgeben; häufig zwei Auxiliarzellen im Prokarp einander gegenüber, daher dann zwei Gonimoblaste
zu einem Cystok. verbunden, häufig mit gemeinsamer Hülle.

Bestimmungstabelle der Gattungen:
A. Sporangien tetraedrisch oder kreuzförmig geteilt.
  a) Sprosse monosiphon oder ± nach unten zu mit Rhizoiden-
    fäden berindet.
    α) Sprosse mit Wirteln von Kurztrieben.
      I. Sporangien kreuzförmig geteilt. **1. Antithamnium.**
      II. Sporangien tetraedrisch geteilt.
        1. Fertile haarförmige Kurztriebwirtel nur an den
          oberen Zellen der Äste. **2. Griffithsia.**
        2. Kurztriebwirtel an allen Gliedern.
          † Cystok. endständig, mit Hüllzweiglein.
            3. Sphondylothamnium.
          †† Cystok. von den Kurztrieben eingehüllt.
            4. Crouania.
    β) Sprosse ohne Kurztriebe.
      I. Cystok. mit geschlossener Hülle; Sproß sehr klein.
        5. Lejolisia.
  II. Cystok. nackt.

    1. Sprosse in einer Ebene fiederartig verzweigt.
                                    6. Compsothamnium.
    2. Sprosse gabelig oder seitlich verzweigt.
                                    7. Callithamnium.
 III. Cystok. von Hüllzweiglein umgeben.
    1. Hüllzweiglein einzellig, Sproß aufrecht, gabelig ver-
       zweigt.   **8. Monospora.**
    2. Hüllzweiglein mehrzellig.
       † Sprosse fiederig verzweigt.
         Φ Sprosse unterwärts niederliegend.
                                    9. Ptilothamnium.
       ΦΦ Sprosse aufrecht.   **10. Plumaria.**
      †† Sprosse nicht fiederig verzweigt.
         Φ Sprosse unterwärts kriechend.
                                    11. Spermothamnium.
       ΦΦ Sprosse aufrecht.   **12. Bornetia.**
  b) Sprosse normal berindet, abgeflacht, Äste gefiedert.
                                    13. Ptilota.
  c) Sprosse mit Rindenringen, die auch zu völliger Berindung
     zusammenfließen können.
     α) Oberste Gabelzweige zangenförmig eingekrümmt.
                                    14. Ceramium.
     β) Zweige nicht eingekrümmt
        I. Sproß niederliegend, aufrechte Äste unverzweigt.
                                    15. Ceramothamnium.
       II. Sproß allseitig reich verzweigt.
                                    16. Spyridia.
  B. Lockere Büschel von Zellfäden bilden einzellige Parasporen aus.
                                    17. Seirospora.
  C. Sporangien in zahlreiche, strahlig von einem Zentrum ausgehende
     Zellen geteilt.   **18. Pleonosporium.**
  D. Gattung unsicherer Stellung; Cystok. unbekannt.
                                    19. Rhodochorton.

          1. Gattung: **Antithamnium** Nägeli.

   Sproß dünn, aus monosiphonen Fäden aufgebaut, unberindet,
nur am Grunde öfters mit Berindungsfäden; Äste mit gegenständig
oder wirtelig gestellten, verzweigten Kurztrieben; Sporangien kreuzförmig geteilt, endständig an Kurztriebzweiglein oder an Stelle
solcher; Cystok. paarig gegenständig oder zu mehreren an oberen
Zweigen, von den obersten Kurztrieben hüllenartig umgeben.
1. Dicht büschelig wachsend, Sprosse reichlich verzweigt.   2.
     Zierliche u. lockere Formen, Sprosse schwach verzweigt.   3.
2. 2—10 cm hoch, Sprosse wiederholt gabelartig verzweigt; Kurztriebe
   gegenständig, abstehend oder abgespreizt, nach der Innenseite
   1—2 mal gefiedert, Fiederchen etwas verlängert. Westl. Ostsee,

sublit. Reg., selten an größeren Algen; Nordsee.

A. plumula (Ell.) Thuret

Kurztriebe zu vier wirtelig gestellt, abgespreizt u. zurückgebogen, Kurztriebe mit dornartigen Fiederchen. Adriatisches Meer.

A. crispum (Ducl.) Thuret

3. Rasig wachsend, bis 5 cm hoch, oft auch unter 1 cm, Hauptäste wenig geteilt, öfters niederliegend mit Rhizoiden; Kurztriebe gegenständig oder zu vier wirtelig gestellt, abstehend, gegenständig oder einseitig gefiedert, besonders gegen die Spitze der Äste hin pfauenfederartig gedrängt; Sporangien am Grunde der Kurztriebe sitzend oder gestielt. Adriatisches Meer, verbreitet, an Codium usw., in einigen verschiedenen Formen entwickelt; Nordsee, Helgoland, an Laminaria, selten.

A. cruciatum (Ag.) Näg.

1—3 cm hoch, mit zierlichen Ästen, Sprosse locker, schwach verzweigt; Kurztriebe gegenständig, schwach gefiedert; Sporangien sitzend. Westl. Ostsee, sublit. Reg., selten an größeren Algen.

A. boreale (Gobi) Kjellm. f. baltica Reinke

2. Gattung: Griffithsia Ag.

Sprosse aufrecht, meist gabelig verzweigt, weich, trocken dem Papier meist stark anhaftend, fädig, von langen Zellen gebildet, hier u. da mit verzweigten, dünnen, wirtelig gestellten Kurztrieben besetzt; Sporangien an Wirtelzweiglein (diese auch häufig als sterile Hüllzweiglein entwickelt) tetraedrisch geteilt; Prokarpien an kurzen, meist 3-zelligen Zweiglein seitlich entwickelt; Cystokarpien an kurzer Fruchtzweiglein endständig, Fruchtkern mit einem oder mehreren Gonimoblasten, mit einem Kranz von Hüllzweiglein.

1. Sporangientragende Wirtel von Zweiglein an kleinen Seitenzweigen endständig.   2.

   Sporangientragende Wirtel von Zweiglein an den Knoten von Gliederzellen.   4.

2. Gabelabschnitte der Sprosse aufwärts gerichtet.   3.

   Sproß abstehend gabelig verzweigt, 2—5 cm lang, rosenrot, obere Zweige allmählich kürzer, fast einseitswendig stark abstehend, Glieder 4—5 mal so lang als breit; fruchtbare Zweige seitlich, zerstreut, 2—3-gliederig, innerhalb des endständigen Kurztriebwirtels mit eingekrümmten Zweiglein die Sporangien tragend. Adriatisches Meer, untere lit. Reg.   G. irregularis J. Ag.

3. Rasig wachsend, 2—6 cm lang, fleischrot, regelmäßig fächerartig gabelig geteilt, obere Glieder 4—6 mal so lang als breit, letzte Zweige etwas verschmälert, eingebogen; die den sporangientragenden Wirtel hervorbringende Zelle birnförmig, an kurzem Zweige endständig, Kurztriebzweiglein ungeteilt, eingebogen. (G. dalmatica Kütz.)   G. opuntioides J. Ag.

   Rasig wachsend, 4—15 cm hoch, Fäden 250—400 μ dick, dunkel fleischrot, gabelig zusammengesetzt, Glieder 4 mal so lang als

breit; fruchtbare Zweige seitlich, zerstreut oder gegenstärdig,
2—3-gliederig, am Ende mit einem Wirtel von unverzweigten oder
auch gabelig geteilten Kurztrieben; Sporangien an deren Innenseite viele gehäuft (Fig. 141). Im Mittelmeer u. an der atlantischen
Küste bis England verbreitet, an der deutschen Küste einigemal
gefunden (z. B. Norderney); ob einheimisch?

G. setacea (Ellis) Ag.

4. Sporangien seitlich an den Kurztrieben.   5.

Sporangien einzeln am Ende haarförmiger Wirtelzweiglein;
2—5 cm hoch, schön rosa, Fäden 100—300 μ dick, zerstreut
verzweigt, Zweige am Grunde stark abstehend, dann aufsteigend,
längere u. kürzere gemischt, die Endzweige verlängert, ungeteilt,
Glieder 4—6 mal länger als breit. Adriatisches Meer, Venedig,
Rovigno.   **G. tenuis Ag.**

5. Rasig wachsend, fast halbkugelig, 2—4, auch bis 6 cm hoch,
Fäden 0,5—1 mm dick, glänzend, irisierend, regelmäßig gabelig
zusammengesetzt, Abschnitte aufwärts gerichtet, obere eingeschnürt gegliedert, Glieder ungefähr 2 mal so lang als breit;
fruchtbare Zweige den sterilen gleichend, an mehreren Gliedern
mit Kurztriebwirteln, deren Zweige kurz, einfach, eingebogen,
sporangientragend oder ein bis mehrere Cystok. einhüllend.
Adriatisches Meer, untere lit. Reg.   **G. Schousboei** Mont.

Rasig niedergedrückt, 2—3 cm hoch, fleischrot, nach unten zu
unregelmäßig gabelig, nach oben zu unregelmäßig seitlich oder
einseitswendig verzweigt, obere Zweige eingeschnürt gegliedert,
Glieder 4—10 mal so lang als breit; fertile Glieder birnförmig,
unterhalb der Zweigspitzen; Wirtel der ganz kurzen Zweiglein
unter dem Ende der birnförmigen Zelle entspringend, Sporangien
gehäuft. Adriatisches Meer.   **G. phyllamphora** J. Ag.

3. Gattung: **Sphondylothamnium** Näg.

Sproß aufrecht, fädig, seitlich reichlich verzweigt, Zweige mit
wirtelig gestellten (nach oben zu schließlich gegenständigen oder abwechselnden) Kurztrieben; Sporangien tetraedrisch geteilt, an Seitenzweiglein der Kurztriebe; Cystok. endständig, von Hüllzweiglein
umschlossen, Karposporen birnförmig, nach allen Seiten gebildet.

5—8 cm hoch, rosenrot bis fleischrot, Zweige 0,5 bis fast 1 mm
dick, Kurztriebwirtel ziemlich entfernt voneinander, Kurztriebe bis
ungefähr 2 mm lang. Adriatisches Meer.

S. multifidum (Huds.) Näg.

4. Gattung: **Crouania** J. Ag.

Sproß gallertig, verzweigt, aus ziemlich großzelligen, monosiphonen Fäden aufgebaut, nackt oder nur schwach nach unten mit
Zellfäden berindet, Äste mit wirtelig gestellten, genäherten, reich
meist gabelig verzweigten Kurztrieben; Sporangien tetraedrisch

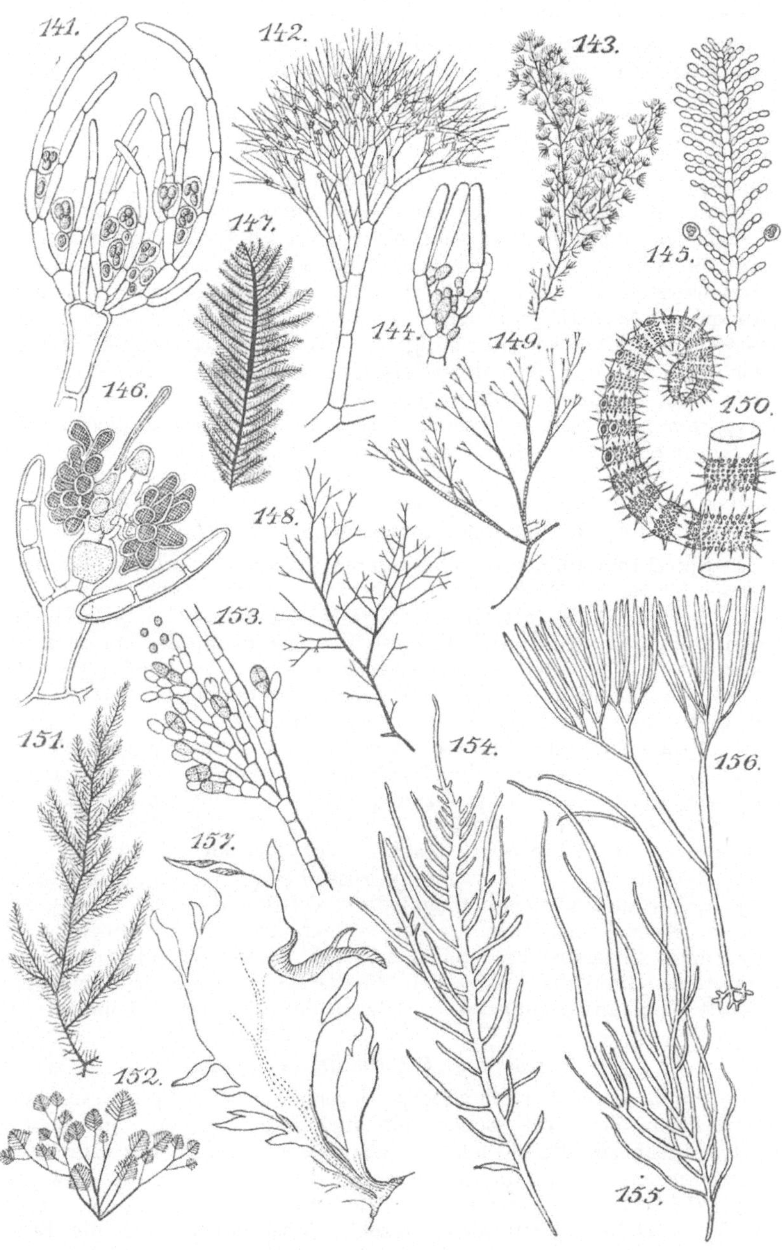

geteilt oder zweiteilig, gewöhnlich seitlich an einer Kurztriebzelle;
Karpogonäste seitlich an verkürzten Kurztrieben; Cystok. von den
Kurztrieben umgeben, Gonimoblast in mehrere Gonimoloben geteilt.
2—4 cm hoch, schlüpfrig, schmutzig-purpurn. Adriatisches Meer.

C. attenuata (Bonnem.) J. Ag.

5. Gattung: **Lejolisia** Bornet.

Sproß dünn fädig, aus einfachen Zellreihen gebildet,
kriechend, durch Hafter befestigt, fruchtbare Zweige aufrecht, im
unteren Teil schwach verzweigt; Sporangien endständig an kurzen
Seitenzweiglein, tetraedrisch geteilt; Antheridienstände länglich,
außen mit Antheridien bedeckt; Prokarpien an kurzen Seitenzweigen
endständig; Cystok. endständig, ihre Hüllzweiglein verwachsen u.
schließen zu einer Fruchtwandung zusammen, die später oben geöffnet ist, Gonimoblast kurz, gedrungen.

Sehr zart, rasig wachsend, Rasen chantransia-ähnlich, kaum
1 mm hoch, kräftig rot. Adriatisches Meer, meist auf Udotea.

L. mediterranea Born.

6. Gattung: **Compsothamnium** Näg.

Sproß feinfädig, aus unberindeten Zellfäden gebildet, aufrecht,
Äste reich seitlich in einer Ebene verzweigt, mit zweizeilig abwechselnden Seitenzweigen; Sporangien tetraedrisch geteilt, endständig an
den letzten kleinen Zweiglein; Cystok. zerstreut, an den (meist ganz
kurzen) fertilen Zweiglein endständig, ohne Hüllzweiglein, Fruchtkern ein einzelner oder zwei gepaarte Gonimoblaste, die dichte
gelappte, maulbeerartige Zweigbüschel darstellen.

2—2,5 cm lang, Sprosse aufrecht, zart, sehr dicht büschelig,
rosa oder ins violette gehend, abwechselnd mehrmals zusammengesetzt gefiedert, Fiedern 2-zeilig, aus allen Gliedern mit kleinen
Fiederchen, deren unterstes an der Fieder so groß oder größer als
die oberen ist. Adriatisches Meer.   **C. thuyoides** (Sm.) Näg.

3—7 cm lang, rasig wachsend, rosa, Fäden 100—200 μ dick, abwechselnd zusammengesetzt gefiedert, Glieder 3—5 mal so lang als
breit, Fiedern zierlicher als bei voriger Art, weiter voneinander
getrennt, unterstes Fiederchen schwach entwickelt oder auch am
untersten Glied der Fieder kein Fiederchen. Nordsee, Helgoland,
sublit. Reg., an Kreidefelsen.   **C. gracillimum** (Harv.) Schmitz

7. Gattung: **Callithamnium** Lyngb.

Sproß aufrecht, reich gabelig oder seitlich verzweigt, im unteren
Teil öfters berindet; Zellen mit mehreren Kernen; Sporangien
tetraedrisch geteilt, seitlich an den oberen Zweigen des Sprosses;
Antheridienstände in dichten geschlossenen Büscheln an den Zweiglein (Fig. 142); Prokarpien an Gliederzellen oberer Zweige, mit
2 Auxiliarzellen, Karpogonast 4-zellig (über näheres vgl. die Ein-

leitung); Cystok. seitlich, ohne Hülle; aus den 2 Auxiliarzellen entstehen 2 Gonimoblaste, die an den Gliederzellen gepaart sind.

1. Verzweigung nach oben zu gabelig oder fast gabelig.   **2.**
   Verzweigung durchweg abwechselnd oder fiederartig.   **3.**
2. Büschel 1—6 cm hoch, hell oder dunkel rot, Äste unten 300 bis 400 µ dick, am Grunde ± berindet, allseitig abwechselnd verzweigt, Zweige mit nach der Spitze zu gehäuften, fast gabelig geteilten Zweiglein, die in ein farbloses Haar ausgehen. Sporangien zerstreut, an der inneren Seite der Zweiglein sitzend. Westl. Ostsee, lit. u. sublit. Reg., an Steinen u. Algen; Nordsee; Adriatisches Meer (Fig. 142, Zweig mit Antheridien).

C. corymbosum (Sm.) Lyngb.

Rasig wachsend, sehr dicht büschelig, purpurn, oft schmutzigbräunlich, Äste 200—600 µ dick, ziemlich weit hinauf berindet u. mit kurzen Zweiglein besetzt, schwammig haarig erscheinend; Zweige nach allen Seiten ausgehend, die unteren seitlich weiter verzweigt, die oberen fast gabelig geteilt, büschelig, mit abstehenden Abschnitten, Endzweige in ein Haar ausgehend; Sporangien in der Nähe der Achseln an den Teilungen an der Innenseite zerstreut. Adriatisches Meer.

C. granulatum (Ducl.) Ag.

3. Äste unterwärts nicht mit kleinen Zweiglein besetzt.   **4.**
   Äste unterwärts mit kleinen Zweiglein besetzt.   **5.**
4. Rasig büschelig wachsend, bis 3 cm hoch; Äste am Grunde berindet, bis 100 µ dick, unregelmäßig verzweigt, Zweige lang, oft etwas hin u. her gebogen, nach oben zu ziemlich gedrängt mit abwechselnden, abstehenden Fiederzweiglein; Sporangien an der Innenseite der Fiedern, öfters gereiht. Westl. Ostsee, sublit. Reg., an andern Algen, selten; Nordsee, an einigen Inseln, selten.

C. roseum (Roth)

Rasig wachsend, sehr dicht, fast kugelig, 1—2 cm im Durchmesser, schlüpfrig, purpurn u. violett irisierend, Äste 30—60 µ dick, abwechselnd fiederartig zusammengesetzt, untere Zweige nach allen Seiten gerichtet, obere fast zweizeilig fiederig verzweigt, Fiedern nach oben gedrängt; Sporangien an der Innenseite der Fiedern. Adriatisches Meer, untere lit. bis obere sublit. Reg.

C. scopulorum Ag.

5. Aufrecht, 5—10 cm u. darüber hoch, steif, schmutzig weinrot, Äste nach unten zu mit verworrenen Zweiglein u. Wurzelfäden dicht bekleidet; untere Zweige nach allen Seiten gerichtet, fast zweizeilig gefiedert, im Umriß lanzettlich, Fiederzweige mit kleinen abstehenden Fiederchen besetzt; Sporangien gereiht an der Innenseite kleiner Fiederchen. Nordsee, an einigen Inseln, selten, Wangeroge, Norderney.   **C. tetricum** (Dillw.) Ag.

Aufrecht, rasig wachsend, 2—7 cm hoch, hell purpurn oder braunrot, Äste weit hinauf berindet u. von kleinen Zweiglein haarig, Zweige nach außen u. an den Seiten fiederig geteilt, Fiedern mit

kleinen, weit abstehenden Fiederzweiglein; Sporangien vereinzelt
an der Innenseite der Fiederchen.   Nordsee, an einigen Inseln,
Wangeroge.   **C. Brodiaei** Harv.

8. Gattung: **Monospora** Solier.

Sproß aufrecht, gabelig verzweigt, Gabelzweige nach oben mit
gedrängten Zweiglein (Fig. 143), Sproß zuweilen nach unten mit
Rhizoiden, im Aufbau sympodial; Sporangien tetraedrisch geteilt,
an dünneren, stärker zusammengesetzten Seitenzweigen einzeln
oder zu mehreren oberhalb der Gabelungen, sitzend oder mit einer
kurzen Stielzelle, an ihrer Stelle auch oft ovale, einzellige Gemmen,
(Monosporen, Fig. 144); Cystok. an kurzen Seitenzweigen endständig, von einem Kranz 1-zelliger Hüllzweiglein umschlossen,
Gonimoblast einzeln.

4—6 cm hoch, fleischrot, von ziemlich zäher Konsistenz, Zweige
bis 400 µ dick, Glieder 4—10 mal länger als breit. Adriatisches Meer,
untere lit. Reg., an Felsen, Corallina, Cystosiren.

M. pedicellata (Smith) Solier

9. Gattung: **Ptilothamnium** Thur.

Sproß fadenförmig, unterwärts niederliegend, verzweigt, mit
Haftern befestigt, sehr dünn, aufrechte Äste paarig gefiedert; Sporangien einzeln endständig an den Fiederzweiglein, tetraedrisch geteilt (Fig. 145); Cystok. endständig an Zweigen, mit wenigen Hüllzweiglein, Gonimoblast einzeln, sehr klein, gedrungen.

Rasen 2—6 mm hoch, rosenrot, Fäden 20—40 µ dick, Äste aufrecht, meist nicht verzweigt, nur im oberen Teil mit kurzen, wenig-
gliederigen gegenständigen Fiederzweiglein besetzt, die fast aus jedem
Glied hervorkommen oder auch streckenweis fehlen (Fig. 145).
Nordsee, Helgoland.   **P. pluma** (Dillw.) Thur.

10. Gattung: **Plumaria** Stackh.

Sproß aufrecht, fädig dünn, Äste in einer Ebene reich verzweigt, paarig wiederholt gefiedert, nackt oder später durch sekundäre Zellfäden aus der Basis der Fiedern berindet, kleine Fiedern
immer unberindet; Sporangien tetraedrisch geteilt, an kleinen Fiedern
endständig; Cystok. an fertilen Fiederchen endständig, mit mehreren
Hüllzweiglein, Gonimoblast in mehrere gerundete Gonimoloben
geteilt.

Bis 10—15 cm hoch, Sproß fadenförmig, braunrot bis schwärzlich braun, berindet, reich fiederig zusammengesetzt, Fiedern gegenständig, immer eine kleine einer größeren gegenüber. Nordsee, lit.
u. sublit. Reg.   **P. elegans** (Bonnem.) Schmitz

Rasig wachsend, Sproß violett, gänzlich unberindet, unterwärts
kriechend, 12—14 mm lang, Äste aufrecht, nach oben zu gefiedert,
Fiedern meist nicht weiter gefiedert, abstehend. Adriatisches Meer.

P. Schousboei (Born.) Schmitz

11. Gattung: **Spermothamnium** Aresch.

Sproß dünnfädig, unterwärts kriechend, verzweigt, fruchtende Äste aufrecht, $\pm$ reichlich seitlich (gegenständig oder abwechselnd) verzweigt; Sporangien tetraedrisch geteilt, an Seitenzweigen einzeln oder gehäuft; Antheridienstände kugelig, an Seitenzweigen sitzend; Prokarpien an Seitenzweigen; Cystok. endständig, von mehreren Hüllzweiglein eingeschlossen; Fruchtkern mit 2 Gonimoblasten (Fig. 146); Gonimoblast gedrungen, klein, die Sporen sprossen aus der flach gewölbten Oberfläche.

1. Aufrechte Äste (wenigstens nach unten zu) allseitig verzweigt. 2.

Aufrechte Äste gegenständig fiederig verzweigt; Rasen bis 4 cm hoch, dicht, rosenrot bis purpurn; Äste 30—80 µ dick, Fiederzweige einfach, abstehend, Glieder 3—8 mal so lang als breit; Sporangien an der Innenseite der Fiedern sitzend, gehäuft; Cystok. mit wenigen Hüllzweiglein. Westl. Ostsee; Nordsee, Helgoland, lit. Reg., auch bis unter Niedrigwassergrenze, an anderen Algen; dort auch die monöcische Form (= S. roseolum Pringsh.); Adriatisches Meer. Var. variabile (Ag.) Ardiss. Aufrechte Äste mehr zusammengesetzt, ausgebreitet, Glieder kurz; Sporangien wenige bis einzeln an den Fiederchen. Adriatisches Meer.

S. Turneri (Mert.) Aresch.

2. Rasen 1—2 cm hoch, hochrot, etwas starr; aufrechte Äste unterwärts nach allen Seiten verzweigt, nach oben fast fächerförmig zusammengesetzt-fiederig, Fiedern einseitswendig, $\pm$ aufrecht, Glieder viel länger als breit; Sporangien an der Innenseite der Fiedern oft zahlreich gereiht oder mehr gehäuft. Adriatisches Meer. **S. strictum** (Ag.) Ardiss.

Rasen 1—3 cm hoch, purpurn, ziemlich starr, Fäden 60—200 µ dick; seitliche Äste ziemlich aufrecht, unregelmäßig verzweigt, Zweige abstehend, verworren, Glieder an den Knoten zusammengezogen, 2—4 mal länger als breit; fruchtende Zweige verkürzt, mit kleinen gegenständigen Zweiglein; Sporangien zerstreut, sitzend, oder kurz gestielt. Adriatisches Meer.

S. irregulare (J. Ag.) Ardiss.

12. Gattung: **Bornetia** Thur.

Sprosse aufrecht, mehrfach gabelig oder seitlich verzweigt, fertile Zweige verkürzt, knäuelig, eingekrümmt, eine Hülle bildend; Sporangien tetraedrisch geteilt, in großer Zahl büschelig in einem Knäuel; Prokarpien an fruchtenden kleinen Zweigen endständig, Karpogonast seitlich, Cystok. endständig, von eingekrümmten, geteilten Zweiglein eingehüllt, mit einem Gonimoblast, fast kugelig gerundet, mit großer Zentralzelle.

10—15 cm hoch, hochrot, trocken dem Papier anhängend, Zweige 1 mm dick, fast fächerartig gabelig geteilt. Adriatisches Meer, obere sublit. Reg.   **B. secundiflora** (J. Ag.) Thur.

13. Gattung: **Ptilota** Ag.

Sproß aufrecht, in einer Ebene verzweigt, abgeflacht, mit normaler Rinde bekleidet, Äste gefiedert (Fig. 147); Sporangien tetraedrisch geteilt, in Gruppen an kurzen Zweiglein; Cystok. an kurzen Zweiglein terminal, mit vielen Hüllzweiglein.

Bis 30 cm hoch, dunkelrot, Äste abstehend, zusammengesetzt gefiedert, Fiedern abstehend, gegenständig, von den Paaren immer eine größer, eine kleiner, die größeren abwechselnd, Fiedern nach oben zu mit Fiederchen. Nordsee, Helgoland (Fig. 147).

P. plumosa (L.) Ag.

14. Gattung: **Ceramium** Lyngb.

Sprosse fadenförmig, aufrecht, meist gabelig reichlich verzweigt, oberste Gabelzweige meist $\pm$ zangenförmig eingekrümmt; Zentralachse fast farblos, großzellig, mit kleinzelligen Rindenringen an den Knoten oder die Berindung über die Glieder der Achse $\pm$ ausgedehnt; Rinde mit oder ohne Bestachelung; Sporangien tetraedrisch geteilt, rings um die Knoten der Rinde eingelagert; öfters Sporen in rundlichen Haufen an den Rindenringen entwickelt (sog. Parasporen); Cystok. an den oberen Zweigen seitlich, von Hüllzweiglein umgeben.

1. Rindenzellen nicht regelmäßig angeordnet, Berindung meist unterbrochen oder auch zusammenhängend. 2.
   Rindenzellen ungefähr rechteckig, in Längsreihen angeordnet. 14.
2. Rinde ohne Stacheln. 3.
   Rinde mit gegliederten oder ungegliederten Stacheln. 13.
3. Berindung unterbrochen, nur in Ringen an den Knoten der Zentralachse. 4.
   Berindung zusammenhängend oder wenigstens nur in geringem Maße unterbrochen. 11.
4. Sporangien in den Rindenringen eingesenkt. 5.
   Sporangien äußerlich, hervortretend. 9.
5. Bewohner des Salzwassers. 6.
   Im Brackwasser am Unterlauf des Timavo u. anderer Flüsse der istrianischen Küste; 1—7 cm hoch, Fäden unten 200—600 μ dick, büschelig oder rasig wachsend, braunrot, Fäden mit Haftern aus den unteren Rindenringen befestigt, nach oben verdünnt, $\pm$ regelmäßig gabelig und gleichhoch verzweigt, Endzweige gabelig, leicht gekrümmt; Rindenringe meist schmaler als der Durchmesser; Adventivzweiglein $\pm$ zahlreich; Sporangien in den oberen Rindenringen in einfacher, in den unteren oft in doppelter Reihe; Cystok. einzeln oder zu 2—3, Hüllzweiglein 1—4, die Cystok. weit überragend. An der istrianischen Küste.

C. radiculosum Grunow

6. Sporangien ringsum in den Rindenringen. 7.
   Sporangien einseitig in den Rindenringen ausgebildet, diese

dort aufgetrieben; dunkelrot, bis 3 cm hoch, Fäden unten 100 bis 200 µ dick, rein gabelig verzweigt, Zweige ± abstehend, Endzweige gabelig, zangenförmig gekrümmt. Westl. Ostsee, lit. Reg., an Steinen u. Holz. **C. divaricatum** Crouan

7. Sporangien in einfacher Reihe in den Rindenringen. 8.

    Sporangien in doppelter Reihe in den unteren Rindenringen; dunkelpurpurn, bis 7 cm hoch; Fäden regelmäßig gabelig geteilt, Endzweige gabelig, schwach zangenförmig; Cystok. fast terminal an Zweiglein, von längeren Hüllzweiglein umgeben. Adriatisches Meer. **C. elegans** Ducl.

8. Dunkelrot bis braunrot, 5—15 cm hoch, unten bis 400 µ dick, Fäden zunächst abwechselnd wiederholt seitlich verzweigt, dann zu gabeliger Verzweigung übergehend, Endzweige gabelig, zangenförmig eingekrümmt; Rindenringe sehr deutlich, von den Sporangien knotig aufgetrieben; fr. im Sommer, 1-jährig. Östl., westl. Ostsee, lit. u. sublit. Reg. an größeren Algen; Nordsee, Helgoland; Adriatisches Meer.

                        C. diaphanum (Lightf.) Roth

    Der vorigen Art ähnlich, aber kleiner u. zarter, 4—10 cm hoch, Fäden unten bis 200 µ dick, rein gabelig regelmäßig verzweigt, im ganzen Verlauf fast gleichdick; Endzweige gabelig, leicht gekrümmt; fr. Sommer, einjährig. Östl. Ostsee, bei Danzig, lit. bis sublit. Reg., westl. Ostsee, lit. Reg., an Steinen u. Seegras; Nordsee, Helgoland; Adriatisches Meer (Fig. 149).

                        C. strictum Grev. et Harv.

9. Fäden gleichmäßig gabelig geteilt, Endzweige ± eingekrümmt. 10.

    Fäden unregelmäßig gabelig verzweigt, Endzweige fast gerade, pfriemlich, kaum gabelig; schmutzig purpurn bis olivschwärzlich, bis 5 cm hoch, dicht büschelig, Fäden gegen die Spitzen verdünnt, unten ungefähr 200 µ dick; vielfach kleine Adventivzweiglein entwickelt; Sporangien wirtelig, oft gehäuft. Lit. Reg. an Steinen u. Holzwerk; westl. Ostsee; Nordsee, Helgoland. **C. Deslongchampii** Chauv.

10. Rosenrot, dicht büschelig wachsend, bis 8 cm hoch, Fäden unten 100—200 µ dick, gleichhoch verzweigt, durchaus ziemlich gleichmäßig dick; Endzweige schwach zangenförmig; Sporangien einzeln oder zu mehreren an der Außenseite der Rindenringe, von den Rindenzellen am Grunde dauernd ± umgeben; Cystok. mit 2—3 kurzen Hüllzweiglein; einjährig, fr. Sommer. Lit. bis sublit. Reg., an größeren Algen in der westl. u. östl. Ostsee (Danzig); Adriatisches Meer. In der Ostsee auch die f. arachnoidea, mit Parasporen-Haufen u. zarteren, nach oben zu deutlich verdünnten Fäden (C. arachnoideum J. Ag.).

                    C. tenuissimum (Lyngb.) J. Ag.

    Rosenrot, 4—8 cm hoch, Fäden fast durchaus gleichmäßig dick, 80—200 µ dick, regelmäßig gabelig verzweigt; Endzweige

schwach eingekrümmt; Rindengürtel bis halb so breit als der Durchmesser; Sporangien selten einzeln, meist zu 4—6 rings aus dem Rindenring hervortretend; Cystok. klein, öfters zu 2—3 sitzend, mit 2—4 kleinen Hüllzweiglein. Adriatisches Meer.
C. fastigiatum Harv.

11. Berindung in Teilen der Pflanze ± unterbrochen.   12.

Fäden fast stets völlig berindet, dunkel oder heller rot, bis 20 cm hoch, unten bis ½ mm dick, in kräftigen Büscheln, ± regelmäßig gabelig verzweigt; Endzweige ± zangenförmig gekrümmt; Adventivzweige spärlich oder zahlreicher; Rindenzellen klein, rundlich-eckig; Sporangien zerstreut rings an den Knoten. Eine der häufigsten Rotalgen in der Nordsee, auch häufig angespült, östl., westl. Ostsee, Adriatisches Meer, lit. bis sublit. Reg. (Fig.148).
C. rubrum (Huds.) Ag.

12. 10—25 cm hoch, Fäden regelmäßig gabelig verzweigt, unten 300— 600 µ dick, nach oben zu dünner, mit Adventivzweigen; Fäden nach unten zu vollständig von der Rinde bedeckt, nach oben zu die Glieder teilweis unberindet, die Rindenringe ebenso breit als lang; der Teil des Rindenringes vom Knoten abwärts aus ungefähr isodiametrischen Zellen gebildet, vom Knoten aufwärts aus länger gestreckten Zellen. Westl. Ostsee (C. rubrum var. decurrens J. Ag.).   **C. Areschougii** Kylin

Bis 10—12 cm hoch, Fäden regelmäßig gabelig ziemlich gleichhoch verzweigt, unten bis 400 µ dick; Endzweige gabelig, meist zangenförmig gekrümmt oder eingerollt; Rindenringe im oberen Teil der Fäden fast völlig zusammenfließend, im unteren Teil etwas mehr getrennt, ± auf die Glieder ausgedehnt; Sporangien in den oberen Rindenringen in einfacher Reihe eingesenkt. Östl. u. westl. Ostsee, lit. bis sublit. Reg. an größeren Algen; Adriatisches Meer.   **C. circinnatum** (Kütz.) J. Ag.

13. Dichtrasig, bis 10 cm hoch, meist niedriger, purpurn, Fäden dünn, regelmäßig gabelig verzweigt, Endzweige zangenförmig gekrümmt; Rindenringe getrennt, halb so breit als Durchmesser, in den Zweigspitzen fast zusammenfließend, die Stacheln an ihnen zerstreut, ungegliedert; Sporangien an der Außenseite der Zweige, meist einzeln in den Ringen, eingesenkt (Fig. 150). Adriatisches Meer.   **C. echionotum** J. Ag.

Dichtrasig, 4—15 cm hoch, rotgelb bis graubraun, Fäden ziemlich starr, regelmäßig gabelig geteilt, Endzweige zangenförmig eingekrümmt; Rindenringe getrennt, mit einem Wirtel gegliederter Stacheln, häufig auch mit farblosen Haaren; Sporangien in einfacher Reihe wirtelig in den Rindenringen, eingesenkt. Adriatisches Meer.   **C. ciliatum** (Ellis) Ducl.

14. Rasig wachsend, 3—7 cm hoch, purpurn, Fäden dünn, regelmäßig gabelig verzweigt, mit Adventivzweigen aus den Achseln; Endzweige gabelig, mit zangenförmig eingebogenen Spitzen;

Rindenschicht aus viereckigen, in Quer- u. Längslinien angeordneten Zellen gebildet; Sporangien einreihig wirtelig, hervorbrechend. Adriatisches Meer. **C. clavulatum** Ag.

15. Gattung: **Ceramothamnium** Richards.

Sproß zierlich, klein, unterwärts niederliegend verzweigt, mit Rhizoiden; die aufrechten Äste unverzweigt, monosiphon, an den Knoten mit kleinen Rindenzellen, an der Spitze gerade; Sporangien an den Knoten, an wenigzelligen gestauchten Zweiglein, die aus Rindenzellen hervorgehen, einzeln oder bis drei nebeneinander; in alte Hüllen hinein werden oft junge Sporangien entwickelt.

Verzweigung des Sprosses schwach, die aufrechten Äste meist adventiv aus Rindenzellen gebildet. Adriatisches Meer, in der sublit. Reg. besonders auf Udotea. **C. adriaticum** Schiller

16. Gattung: **Spyridia** Harv.

Sproß stielrund, allseitig verzweigt; Zentralachse großzellig, berindet, indem jede Zelle rudimentäre Kurztriebwirtel bildet, die seitlich zu einer durch Rhizoiden verstärkten Rinde zusammenschließen; Rinde nach innen großzellig, nach außen kleinzellig; Äste mit abwechselnden kleinen, dünnen, begrenzten Zweigen besetzt, an denen keine Rindenschicht, sondern nur schmale Rindengürtel an den Gelenken entwickelt werden; Sporangien tetraedrisch geteilt, an den begrenzten Zweigen; Cystok. an kurzen Seitenzweiglein endständig, Gonimoblast von einer verdickten nach außen kleinzelligen, dichten, nach innen lockeren Rinde umgeben, in mehrere Gonimoloben geteilt.

10—20 cm hoch, Sprosse unten 0,5—3 mm dick, dunkelrot bis graufarben, reich verästelt, haarförmige begrenzte Zweiglein zahlreich. Adriatisches Meer (Fig. 151). (S. attenuata Zanard.)
S. filamentosa (Wulf.) **Harv.**

17. Gattung: **Seirospora** Harv.

Sproß nackt oder nach unten zu berindet, im Aufbau Callithamnium ähnlich; Zellen 1-kernig; Sporangien kreuzförmig geteilt oder 2-teilig, oder auch tetraedrisch geteilt, an kleinen Zweiglein seitlich, häufig Büschel von Parasporen vorhanden, d. h. lockere Büschel wiederholt gegabelter Zellfäden, deren Zellen zu Parasporen (Seirosporen) werden; Cystok. ohne Hülle, mit 2 Gonimoblasten, die lockere Büschel wiederholt verzweigter, sporenbildender Fäden darstellen, deren Zellen alle zu Karposporen werden.

Aufrecht, 2—7 cm hoch, Sproß abwechselnd stark verzweigt, zart, Endzweige fast gabelig geteilt, gehäuft gebüschelt; Seirosporen in Ketten in den Büscheln entwickelt. Adriatisches Meer. (Callithamnium seirosporum Griff.) **S. Griffithsiana Harv.**

Neben dieser typischen Art der Gattung existieren noch einige in ihrer Verbreitung u. Abgrenzung unsichere Arten: Seirospora interrupta (Sm.) Schmitz var. subtilissima (De Not.) De Toni (Callithamnium subtilissimum De Not.), einige mm hohe Rasen bildend, an Codium im Adriatischen Meere; S. granifera (Menegh.) De Toni (Callithamnium seirospermum var. graniferum (Menegh.) Hauck, bis 10 cm hoch, mit zarten u. schlaffen Fäden, im Adriatischen Meer.

18. Gattung: **Pleonosporium** Näg.

Sproß feinfädig, aufrecht, wiederholt abwechselnd verzweigt, Zweige nach oben zu mit kurzen Fiederzweigen besetzt; Sporangien seitlich an den Fiederzweigen, in zahlreiche, strahlig von einem Zentrum ausgehende Zellen geteilt; Cystok. endständig, von einzelnen Seitenzweiglein umgeben, Gonimoblast einzeln, in mehrere Gonimoloben geteilt.

2—6 cm hoch, stark verzweigt, rosenrot, Fäden 100—160 .μ dick, das obere gefiederte Ende der Zweige eiförmig bis fast dreieckig im Umriß; Glieder 2—4 mal so lang als breit; Adriatisches Meer, untere lit. Reg., an Cystosiren usw. (Fig. 152).

P. Borreri (Smith) Näg.

19. Gattung: **Rhodochorton** Näg.

Zarte, kleine Algen; Sprosse feinfädig, monosiphon, unberindet, meist unterwärts kriechend, rhizomartig, die aufrechten Fäden ± reichlich seitlich verzweigt; Sporangien kreuzweis geteilt, zerstreut an den Zweigen der aufrechten Fäden, endständig oder seitlich (Fig. 153); Cystok. unbekannt.

1. Niederliegende Fäden vorhanden.   2.
   Niederliegende Fäden fehlend; Rasen sehr klein, hellrot, 1—2 mm hoch; aufrechte Fäden sehr zart, 5 μ dick, unregelmäßig fiederig verzweigt; Zellen 12—16 mal so lang als breit; Sporangien zu 2—3, seltener einzeln auf kurzen Seitenzweigen. Westl. Ostsee, sublit. Reg., selten auf Algen u. Bryozoen.

   R. chantransioides Reinke

2. Niederliegende Fäden nicht verbunden.   3.
   Die niederliegenden Fäden schließen netzartig verbunden zu einem Basallager zusammen; fast mikroskopisch klein, einen roten Anflug an Bryozoen bildend; aufrechte Fäden unverzweigt oder wenig verzweigt; Sporangien terminal an längeren Fäden oder an kurzen Zweiglein. Westl. Ostsee; Nordsee, Helgoland; sublit. Reg., in u. auf Bryozoen.   **R. membranaceum** Magnus

3. Rasen 0,5—1 mm hoch, rosa; niederliegende Fäden verzweigt, aufrechte Fäden reichlich meist einseitswendig verzweigt, 5—10 μ dick, Zellen 2—6 mal so lang als breit, Zweige in ein farbloses Haar auslaufend; Sporangien einzeln oder zu zwei, sitzend oder

kurz gestielt. Westl. Ostsee, sublit. Reg., selten, an anderen **Algen.**

R. minutum (Suhr) Reinke

Rasen rundlich polsterartig, schmutzig-violett, bis 2 cm hoch; aufrechte Fäden 18—30 μ dick, spärlich fast gleichhoch gabelig verzweigt; Sporangien einzeln oder zu mehreren an sehr kurzen Zweiglein. Nordsee, Helgoland, lit. Reg.

R. floridulum (Dillw.) Näg.

Rasen oft ausgebreitet, dunkel purpurrot, wenige mm bis 1 cm hoch, kleiner u. zarter als bei Rh. floridulum; aufrechte Fäden 10—15 μ dick, nach oben zu schwach verzweigt; Sporangien zu 3—6 gehäuft. Westl. Ostsee, sublit. Reg.; Nordsee, Helgoland, lit. Reg.; an Steinen u. Muscheln (Fig. 153).

R. Rothii (Turt.) Näg.

14. Familie: **Grateloupiaceae.**

Sproß meist abgeflacht bis blattartig flach, wechselnd verzweigt; Innenschicht aus dünnen, netzig verketteten Zellreihen gebildet, von Rhizoidenfäden durchflochten; von ihr gehen gabelig verzweigte Rindenfäden aus, die eine nach außen zu kleinzellige Rinde bilden; Sporangien meist in der äußeren Rinde zerstreut, oder in Gruppen; Ausbildung des Prokarpes vom gleichen Typus wie bei den Ceramiaceae; die Auxiliarzellen erzeugen nach innen zu den Gonimoblasten; die Hüllfäden der Auxiliarzellzweige bilden auseinanderweichend eine Fruchthöhlung mit Hüllgeflecht; Cystok. klein, die Wandung schwach gewölbt, mit Porus, Fruchtkern mit mehreren dicht schließenden Gonimoloben.

Bestimmungstabelle der Gattungen.

A. Sproß nach unten zu stengelig, mit Mittelrippe.

1. Cryptonemia.

B. Sproß ohne Mittelrippe.
   a) Sproß hier u. da eingeschnürt.   **2. Acrodiscus.**
   b) Sproß nicht eingeschnürt.
      α) Sproß deutlich gestielt.   **3. Halymenia.**
      β) Sproß nicht gestielt.   **4. Grateloupia.**

1. Gattung: **Cryptonemia** J. Ag.

Sproß fest u. ziemlich zähe, nach unten zu stengelig, nach oben zu flach blattartig verbreitert, hier mit allmählich verschwindender Mittelrippe; aus dieser besonders wachsen proliferierend ähnliche Blätter hervor; durch Vergehen des Gewebes der Blätter werden alte Blattkörper allmählich stengelig; Innenschicht aus dünnen Fäden gebildet, Rinde dicht geschlossen; Zellen nach außen zu klein, nach innen zu etwas größer; Fortpflanzungsorgane an kleinen Blättern; Sporangien kreuzförmig geteilt, in der stark verdickten Außenrinde der fruchtbaren Blättchen; Cystok. in Gruppen, sehr klein, in der aufgelockerten Innenrinde, mit Hüllgeflecht.

Sproß 3—10 cm hoch, heller bis dunkelrot, Stengel von den Blattresten ± geflügelt, neue Blätter aus der Mittelrippe oder aus dem verletzten Rande, gerundet. Adriatisches Meer, sublit. Reg.

C. lomation (Bertol.) J. Ag.

2. Gattung: Acrodiscus Zanard.

Sproß flach zusammengedrückt, fleischig häutig, linealisch, ± regelmäßig gabelig geteilt; Innenschicht aus verzweigten, netzförmig anastomosierenden Fäden gebildet, Rindenschicht aus dazu senkrechten, gabelig verzweigten Zellreihen, die durch Gallerte verbunden sind; Sporangien kreuzförmig geteilt oder zweiteilig, unterhalb des Endes von Sproßabschnitten in rundlichen Gruppen.

Mehrere Sprosse aus schildförmiger Basis, Sproß nach unten zu keilförmig linealisch, 3—10 cm lang, 4—8 mm breit, schwach gabelig geteilt, besonders an den Teilungsstellen eingeschnürt, die durch Einschnürung gebildeten Stücke rundlich bis oval, Enden der Abschnitte stumpf abgerundet. Adriatisches Meer.

A. Vidovicchii (Menegh.) Zanard.

3. Gattung: Halymenia Ag.

Sproß stielrund bis blattartig flach, verschiedenartig verzweigt, öfters proliferierend, ± gallertig weich, im Innern ± aufgelockert; das lockere Innengewebe aus dünnen Fäden gebildet, die Rinde nach außen zu kleinzellig, nach innen zu lockerer u. großzelliger, im ganzen nur dünn; Sporangien kreuzweis geteilt, in der äußeren Rinde; Cystok. zerstreut, ziemlich klein, eingesenkt, schließlich nach außen mit Porus, Hüllgeflecht ± deutlich ausgebildet.

Sproß bis 30 cm hoch, rosa, gallertig-häutig, deutlich gestielt, flach, fiederig zusammengesetzt, Mittelsproß 1—4 cm breit, Fiedern u. Fiederchen 2—25 mm breit, linealisch oder lanzettlich, lang verschmälert, oft mit kleinen Fiederchen gesägt oder gewimpert; Cystok. punktförmig am Sproß zerstreut. Adriatisches Meer, untere lit. Reg.

H. floresia (Clem.) Ag.

Sproß 5—15 cm hoch, fleischig-häutig, fleischrot, ins grünliche spielend, nach unten zu stengelartig, fast solid, nach oben zu hohl aufgeblasen, dichotomisch zusammengesetzt, Abschnitte lebend fast zylindrisch, trocken linealisch oder nach oben etwas keilförmig verbreitert. Adriatisches Meer. H. dichotoma J. Ag.

4. Gattung: Grateloupia Ag.

Sproß zusammengedrückt flach, proliferierend seitlich verzweigt; innere Schicht aus dünnen, netzig verketteten Fäden gebildet, Innenrinde nach innen zu locker, Außenrinde aus gegen die Oberfläche senkrechten Zellreihen bestehend; Sporangien zerstreut; Cystok. im oberen Teil des Sprosses in Gruppen, klein, eingesenkt.

Sprosse rasig wachsend, gallertig häutig, bis 20 cm hoch; Sproß purpurviolett bis dunkelgrünlich, bandförmig, 1—4 mm breit, nach oben zu lang verschmälert, nach der Spitze unverzweigt, sonst fiederartig proliferierend verzweigt, Fiedern verschmälert, abstehend, die unteren mit Fiederchen. Adriatisches Meer, untere lit. Reg., an Felsen (Fig. 154). **G. filicina** (Wulf.) Ag.

15. Familie: **Gloiosiphoniaceae.**

Vgl. die Charakteristik der einzigen Gattung unseres Gebietes. Prokarpien in der Innenrinde des Sprosses; an einer Rindenzweigzelle sitzt ein kurzer Auxiliarzellzweig, der endständig oder im Verlauf des Zweiges die Auxiliarzelle hervorbringt; von ihm entspringt seitlich der Karpogonzweig; die Auxiliarzelle wächst thallusauswärts zum Gonimoblasten aus.

Gattung: **Gloiosiphonia** Carmich.

Sproß stielrund, fadenförmig, gallertig-weich, reich seitlich verzweigt, innen $\pm$ aufgelockert u. hohl; Zentralachse (späterhin verschwindend) langgliederig, Rindenzweige wirtelig gestellt, Innenrinde aufgelockert, mit Rhizoidenfäden, Außenrinde kleinzellig, dicht schließend; Sporangien zerstreut, kreuzförmig geteilt; Cystok. über die oberen jüngeren Sproßteile zerstreut, als leichte Anschwellungen kenntlich, der Innenrinde eingelagert, Gonimoblast kugelig, festgeschlossen ohne Sonderung von Gonimoloben.

Sproß 5—12 cm hoch, rosenrot bis purpurrot, mit durchlaufendem Hauptstämmchen, meist mehrere Sprosse gemeinsam wachsend, allseitig mit Ästen versehen, diese mit bis 1 cm langen nach oben u. unten bedeutend verschmälerten Zweiglein besetzt. Nordsee, Helgoland. **G. capillaris** (Huds.) Carmich.

16. Familie: **Dumontiaceae.**

Sproß stielrund oder abgeflacht, weich, im Innern manchmal hohl, seitlich verzweigt; Zentralachse meist wenig deutlich, von Rhizoidenfäden umgeben oder später ganz fehlend; Rindenfäden reich verzweigt, eine nach innen zu lockere, nach außen zu dichtere Rinde bildend; Sporangien in der äußeren Rinde zerstreut, kreuzförmig geteilt oder quergeteilt; Karpogonzweige u. Auxiliarzellzweige in der inneren Rinde, letztere besonders gestaltet, mit kurzen u. breiten Zellen, die Auxiliarzellen im Verlauf der Fäden oder nahe ihrem Ende; die aus dem befruchteten Karpogon entspringenden Ooblastemfäden verlängert, mit mehreren Auxiliarzellen in Verbindung tretend, die dann zum Goinmoblasten aussprossen.

Bestimmungstabelle der Gattungen.

A. Sproß hohl; Ostsee, Nordsee.   **1. Dumontia.**
B. Sproß solid; Adriatisches Meer.   **2. Dudresnaya.**

1. Gattung: **Dumontia** Lamour.

Sproß schlüpfrig-gallertig, hohl, nur an der Spitze mit erkennbarer mittlerer Zellreihe; im Innern längsverlaufende Fäden, locker gestellt, nach außen zu dichter, die Wandung nach außen zu kleinzellig, nach innen zu großzelliger u. locker; Sporangien in den Wandschichten, kreuzförmig geteilt, groß; Karpogonzweige u. Auxiliarzellen im innersten Teil der Wandung; Cystok. ebenda, klein.

Sproß bis 50 cm lang, bis 1 cm dick, hellrot bis braunrot oder schmutzig violett, seitlich verzweigt, Äste ungeteilt oder schwach verzweigt, geißelförmig verlängert, rundlich oder flachgedrückt, oft gedreht u. kraus (die dünnen Formen in der sublit. Reg.). Westl. Ostsee, häufig; Nordsee; an Steinen u. Muscheln in der lit. u. sublit. Reg. (Fig. 155). **D. filiformis** (Fl. dan.) Grev.

2. Gattung: **Dudresnaya** Bonnem.

Sproß stielrund, weich-gallertig, reich allseitig verzweigt; Zentralachse mit wirtelig gestellten, büschelig verzweigten Rindenzweigen, die durch Gallerte locker zusammenschließen; im unteren Teile des Sprosses die Zentralachse von dickeren u. dünneren Rhizoidenfäden eingehüllt; Sporangien zerstreut, quergeteilt; Karpogonäste u. Auxiliarzellen im inneren Teil der Rinde zerstreut; Cystok. in der Rinde eingeschlossen, klein, fast nur aus Sporen gebildet.

Sproß 5—12 cm hoch, rosenrot bis karminrot, reich verzweigt, Enden zugespitzt; Wirtelzweige gabelig geteilt, Zellen 2—1 ½ mal so lang als breit, die obersten fast kugelig; Zellen der Zentralachse 1 ½—2 ½ mal so lang als breit. Adriatisches Meer.

D. purpurifera J. Ag.

Sproß 5—15 cm hoch, ungefähr 1 mm dick, rosenrot, reich verzweigt, Enden nicht zugespitzt; Wirtelzweige erst trichotom, dann gabelig geteilt; Glieder zylindrisch, 4—6 mal länger als breit; Zellen der Zentralachse 3—4 mal länger als breit. Adriatisches Meer.

D. coccinea (Ag.) Crouan

17. Familie: **Nemastomataceae.**

Sproß stielrund oder abgeflacht bis blattartig flach, verschiedenartig verzweigt; Innenschicht aus dünnen Zellfäden gebildet, die von Rhizoiden durchflochten sind; von ihr aus ± stark gabelig verzweigte Rindenfäden, Rinde nach außen zu kleinzellig; Sporangien zerstreut; Karpogonzweige an der Innenseite der äußeren Rinde, Auxiliarzellen von Rindenzellen gebildet; die aus dem befruchteten Karpogon hervorgehenden Ooblastemfäden vereinigen sich meist mit mehreren Auxiliarzellen nacheinander; Cystok. klein, eingesenkt.

Bestimmungstabelle der Gattungen.

A. Die Zweige nach oben blattförmig verbreitert.

1. Neurocaulon.

B. Keine Blattbildung.
  a) Sproß knorpelig.   **2. Furcellaria.**
  b) Sproß weicher.
    α) Rinde dicht geschlossen.   **3. Nemastoma.**
    β) Rinde nach innen zu locker.
      I. Die Auxiliarzelle bildet nach außen zu den Gonimoblast.

4. Platoma.

      II. Die Auxiliarzelle bildet nach innen zu den Gonimoblast.

5. Halarachnion.

1. Gattung: **Neurocaulon** Zanard.

Sproß stielrund, verzweigt, die Zweige nach oben blattartig mit nierenförmiger Spreite ausgebreitet; innere Schichten in den Stengeln dichtfaserig, in den blattartigen Teilen locker dünnfaserig, Rinde aus dazu senkrecht gestellten Zellreihen gebildet, deren Zellen nach außen zu kleiner werden; Sporangien?; Cystok. an den blattartigen Teilen zahlreich zerstreut, von der Innenseite der Rinde in das Mark hineinragend; Gonimoblast mit mehreren Gonimoloben sternförmig gelappt.

Sproß schwach verzweigt, 6—12 cm lang, ziemlich dick u. fleischig, dunkelrot, Stengel 1—3 mm dick; blattartige Teile gerundet nierenförmig, 1—3 cm breit. Adriatisches Meer.

N. reniforme Zanard.

2. Gattung: **Furcellaria** Lamour.

Sproß stielrund, knorpelig, mehrfach gabelig verzweigt; Markfasern längsverlaufend, verworren, von zahlreichen Rhizoiden durchflochten, Innenrinde ziemlich locker, Außenrinde kleinzellig, dicht, Zellreihen senkrecht zur Oberfläche; Sporangien u. Cystok. auf spindelförmig verdickten Zweigenden (Fig. 156); Sporangien quergeteilt, in der Außenrinde; Cystok. zahlreich beieinander, ziemlich klein, in der Rinde, ohne Porus, Gonimoblast unregelmäßig gelappt, mit großen Karposporen.

Rasig wachsend, Sproß 5—15 cm hoch, rotbraun bis schwärzlich rot, trocken schwarz, am Grunde mit Wurzelfäden befestigt, ½—1½ mm dick, Gabelwinkel ± spitz, Zweigenden zugespitzt. Perennierend, Fortpflanzung im Winter. Östl. Ostsee, Ost- u. Westpreußen, westl. Ostsee, lit. u. sublit. Reg., häufig, oft in großer Menge; Nordsee (Fig. 156). (Fastigiaria furcellata (L.) Stackh.). Forma aegagropila. Frei am Meeresgrunde liegend, dicht verzweigt, von fast kugeliger Gestalt. Ostsee. **F. fastigiata** (Huds.) Lamour.

3. Gattung: **Nemastoma** J. Ag.

Sproß ± abgeflacht, meist gabelig geteilt; innere Schichten dicht
faserig, Fasern dünn, Rinde dicht, aus zu den inneren Schichten senkrecht gestellten Zellreihen gebildet, besonders die Außenrinde kleinzellig, dicht geschlossen; Sporangien zerstreut, kreuzförmig geteilt (?);
Cystok. zahlreich in der Innenrinde, ziemlich klein, Gonimoblast
unregelmäßig gelappt, Gonimoloben ganz in Sporen zerfallend.

Sproß 5—10 cm hoch, fleischig-gelatinös, purpurfarbig, mehrfach bis vielfach gabelig geteilt, die letzten Gabelungen meist kurz,
verschmälert, oft spitzlich, Abschnitte aufrecht - abstehend, linealisch, 1—3 mm breit.　Adriatisches Meer.

N. dichotomum J. Ag.

4. Gattung: **Platoma** Schmitz.

Sproß stielrund oder abgeflacht, gallertig-schlüpfrig, unregelmäßig verzweigt; Mark aus dünnen, langzelligen Fäden gebildet,
durch Rhizoiden verstärkt; Rinde aus senkrecht zu den Markfäden
stehenden, perlschnurförmigen Zweigbüscheln gebildet, Zweige oft
in lange einzellige Haare ausgehend; Sporangien in den Zweigbüscheln, kreuzförmig geteilt; Karpogonzweige 3-zellig, mit langen
Trichogynen; Auxiliarzellen zahlreich, groß, rundlich, am Grunde
der Zweigbüschel; Cystok. unregelmäßig rundlich, mit dichten
Gonimoloben, auf der Außenseite der Auxiliarzellen entwickelt.

Sprosse büschelig, bis 14 cm hoch, rosen- oder karminrot, stielrund oder nach oben zu flachgedrückt, unregelmäßig gabelig verzweigt, nach unten zu bis 5 mm breit.　Nordsee, Helgoland, lit. Reg.,
auf Steinen.　　　　　　　　　　　　　　**P. Bairdii** (Farl.) Kuck.

Sproß 4—8 cm hoch, flach, ziemlich dick, rosen- oder dunkelrot,
schlüpfrig-fleischig, aus keilförmigem Grunde nierenförmig ausgebreitet, unregelmäßig vielfach gabelig eingeschnitten mit immer
dünneren Segmenten, Enden stumpf; Segmente meist kurz, über
den gerundeten Achseln zusammenneigend; die letzten Teilungen
häufig geweihartig.　Adriatisches Meer.

P. cyclocolpa (Mont.) Schmitz

5. Gattung: **Halarachnion** Kütz.

Sproß abgeflacht bis blattartig flach, im Innern ± aufgelockert;
Mark aus dünnen, verzweigten Fäden aufgebaut, Rinde ziemlich
dünn, Zellen nach innen zu größer u. lockerer, nach außen zu kleiner
u. dicht; Sporangien ? ; Cystok. zerstreut, eingesenkt, die Rinde nach
außen von einem Porus durchbrochen, Gonimoblast bis in das Mark
reichend, gerundet, Gonimoloben fest zusammenschließend.

Sproß 10—30 cm lang, gallertig-häutig, fleischrot bis dunkler rot,
flach bandförmig bis blattförmig, keilförmig in einen Stiel verschmälert, eingeschnitten, Segmente aus dem Rande mit schmalen
zungenförmigen Prolifikationen; Cystok. punktförmig über den Sproß

zerstreut. Nordsee, Helgoland, an Steinen (Fig. 157). Forma acicularis (H. aciculare Kütz.). 5—10 cm lang, stielrund bis zusammengedrückt, fast röhrig, schmal, nach unten 1—3 mm dick. Adriatisches
Meer. **H. ligulatum** (Woodw.) Kütz.

18. Familie: **Rhizophyllidaceae.**

Sproß stielrund oder abgeflacht oder krustenförmig ausgebreitet,
im Innern mit einem Strang längsverlaufender Fäden oder mit einer
Zentralachse, der sich eine nach außen kleinzellige Rinde anschließt;
Sporangien in der äußeren Rinde zerstreut oder in Nemathezien;
Karpogonzweige u. Auxiliarzellen in großer Zahl in Nemathezien,
Auxiliarzellen im Verlauf von Zellfäden; Cystok. in verdickten
Nemathezien meist in größerer Zahl.

Bestimmungstabelle der Gattungen.

A. Stielrund, gabelig verzweigt.   **1. Polyides.**
B. Kriechend, abgeflacht 2-schneidig.   **2. Rhizophyllis.**
C. Flach krustenförmig ausgebreitet.   **3. Contarinia.**

1. Gattung: **Polyides** Ag.

Sproß stielrund, knorpelig hart, gabelig $\pm$ gleichhoch verzweigt;
innere Schicht ziemlich dick, aus längsverlaufenden verworrenen
Fäden mit Rhizoiden gebildet, Rindenschicht aus dazu senkrechten
Zellreihen bestehend, dichtzellig; Sporangien in der Rindenschicht,
kreuzförmig, oft unregelmäßig geteilt; Cystok. im oberen Teil des
Sprosses zahlreich in warzenförmigen Nemathezien (Fig. 158, 159)
eingesenkt, Gonimoblast klein, kugelig gerundet, die Sporen in hohl-
kugeliger Schicht (Fig. 160, Karpogonzweig).

Sproß aus einer Haftscheibe entspringend, 5—10 cm hoch,
1—2 mm dick, schwärzlich-rot, nach oben zu gabelig geteilt; ausdauernd, im Winter fruktifizierend. Westl. Ostsee, Nordsee, sublit.
Reg., an Steinen (Fig. 158).   **P. rotundus** (Gmel.) Grev.

2. Gattung: **Rhizophyllis** Kütz.

Sproß kriechend, ausgebreitet, abgeflacht 2-schneidig, linealisch,
Äste fiederig gezähnt oder verzweigt; Bauchseite längs der Mittellinie
mit Haftern; Zentralachse der Bauchseite genähert, Rinde dicht
geschlossen, auswärts kleinzellig, nach innen größerzellig; Sporangien
in flach warzenförmig vorspringenden Nemathezien auf der Oberseite längs der Mittellinie, unregelmäßig kreuzförmig geteilt oder quergeteilt; Cystok. im Innern von warzenförmigen Nemathezien längs
der Mittellinie; Gonimoblast aus mehreren dicht geschlossenen
Gonimoloben gebildet, die in viele Sporen zerfallen.

Sproß 1—3 cm lang, hochrot, häutiger Konsistenz, fast kreisförmig ausgebreitet, fiederig bis gabelig verästelt, die Abschnitte

1—2 mm breit, gezähnt gelappt. Adriatisches Meer, besonders auf **Peyssonnelia** kriechend.　　　　　　　　**R. squamariae** Kütz.

3. Gattung: **Contarinia** Zanard.

Flach krustenförmig ausgebreitet, ganz mit der Unterseite der Unterlage ansitzend, gerundet oder unregelmäßig gelappt u. eingeschnitten, fleischig; nahe der Unterseite eine 2-zeilig verzweigte Zentralachse mit dicken Zellen, der sich seitlich eine horizontale Zellschicht mit fächerartiger Anordnung der Zellen anschließt; nach der Unterseite grenzen dieser Schicht nur 1—2 unregelmäßige Zelllagen an, nach oben entspringen ihr aufrechte, kurze, gabelig verzweigte Zellfäden, die eine geschlossene Rinde bilden; Sporangien in Gruppen an der Oberfläche, aus den Endgliedern der Zellfäden gebildet, unregelmäßig kreuzförmig geteilt; Cystok. ?.

Krusten 0,5—1 mm dick, 1—4 cm im Durchmesser, dunkelrot. An Cystosiren, Corallinaceen usw., im Adriatischen Meere.

　　　　　　　　　　　　C. peyssonneliiformis Zanard.

19. Familie: **Squamariaceae.**

Thallus flach ausgebreitet, krustenförmig, unterseits angewachsen oder mit zahlreichen Haftern, mit Randwachstum, aus einer Basalschicht u. aufrechten Zellfäden gebildet; Sporangien zerstreut oder in Gruppen oder in ± ausgebreiteten flachen Nemathezien, kreuzförmig geteilt oder quergeteilt; Karpogonzweige an den aufrechten Fäden seitlich, Auxiliarzellen im Verlauf dieser Fäden oder an kurzen seitlichen Zweigen, Cystok. in Nemathezien entwickelt.

　　　Bestimmungstabelle der Gattungen.
A. Sporangien in Nemathezien.
　　a) Thallus späterhin am Rande oder in größerem Umfange frei.
　　　　　　　　　　　　　　1. Peyssonnelia.
　　b) Thallus angewachsen.　　　　**2. Cruoriella.**
B. Sporangien nicht in Nemathezien.
　　a) Sporangien aus Endzellen der aufrechten Fäden gebildet.
　　　　　　　　　　　　　　3. Rhododermis.
　　b) Sporangien einzeln oder gereiht im Verlauf der aufrechten Fäden.　　　　　　　　　　**4. Petrocelis.**
　　c) Sporangien seitlich an den aufrechten Fäden.
　　　α) Sporangien quergeteilt.　　　**5. Cruoria.**
　　　β) Sporangien durch schiefe Wände vierteilig.
　　　　　　　　　　　　　　6. Plagiospora.

1. Gattung: **Peyssonnelia** Decne.

Thallus blattartig flach, ausgebreitet, unterseits mit zahlreichen Haftern, dann öfters teilweise oder am Rande frei u. gelappt oder geteilt, öfters verkalkt u. zerbrechlich; aufrechte Fäden von der

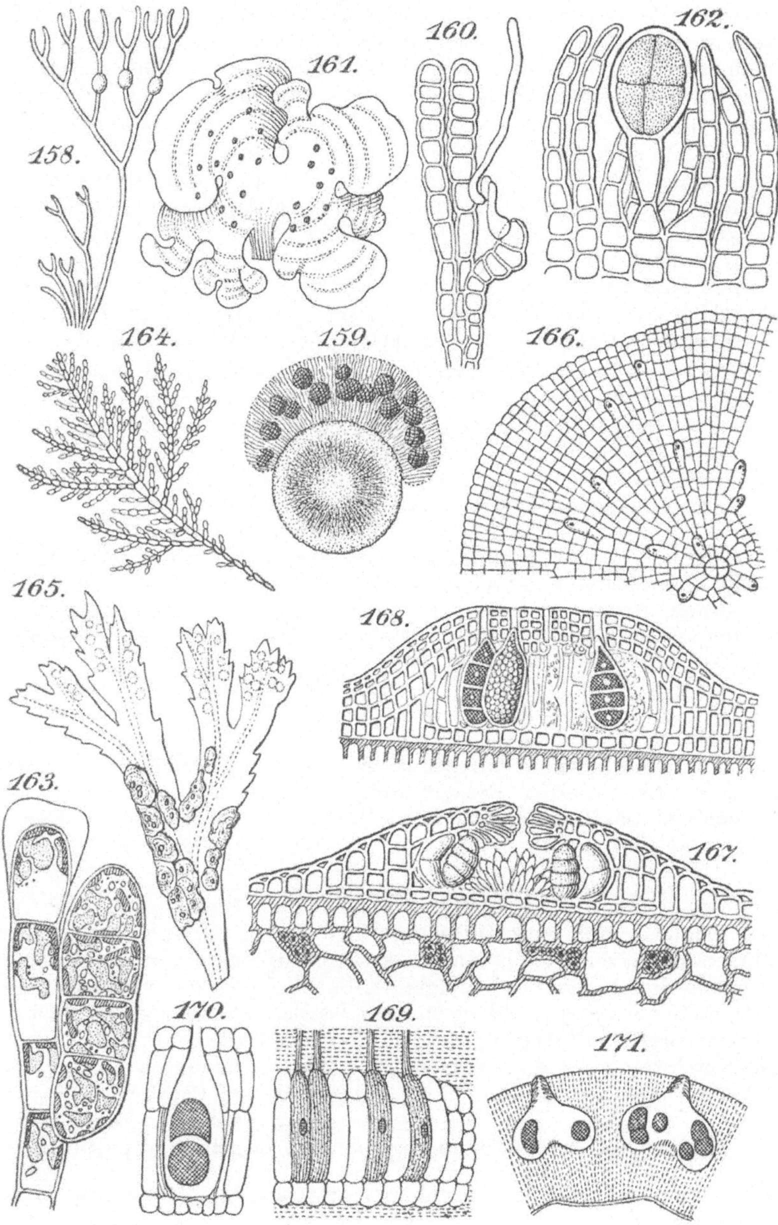

Basalschicht fast gerade oder schräg ansteigend; Sporangien kreuzförmig geteilt, in ± hervortretenden Nemathezien; männliche
Nemathezien mit Reihen von Antheridienzellen; weibliche Nemathezien flach warzenförmig, Kern der Cystok. mit wenigen gereihten
Sporen.

1. Thallus unverkalkt.   2.

    Thallus verkalkt, brüchig; Kruste hellrot bis purpurrot, kreis-
förmig, gelappt oder von ganz unregelmäßigem Umriß, bis 10 cm
groß, bis 1 mm dick, öfters mehrere Exemplare übereinander
lithophyllum-ähnliche oder hohle Stücke bildend; Unterseite
mit Haftern; Nemathezien fleckenförmig, rundlich bis unregelmäßig, oft zusammenfließend. Adriatisches Meer, sublit. Reg., oft
in großen Mengen.   **P. polymorpha** (Zanard.) Schmitz

2. Kruste hellrot bis dunkelrot, häutig, 2—6 cm groß, bis 150 μ
dick, unterseits mit viel Haftern, dadurch filzig erscheinend, gelappt, Lappen keilförmig gerundet, übereinandergreifend; Zellen
der Basalschicht etwas gestreckt, aufrechte Fäden weniggliederig;
Nemathezien sehr flach, etwas dunkler gefärbt.   Adriatisches
Meer, an Algen oder Corallinaceen-Krusten.

                    P. rubra (Grev.) J. Ag.
    Kruste dunkel braunrot, lederig, 4—10 cm groß, bis 200 μ
dick, unterseits von vielen Haftern filzig, gelappt, Lappen nierenförmig, übereinandergreifend; Zellen der Basalschicht gestreckt,
doppelt so lang als hoch. Adriatisches Meer, an Felsen, Algen u.
Muscheln, untere lit. Reg. bis sublit. Reg. (Fig. 161).

                  P. squamaria (Gmel.) Decne.
    Unsicherer Stellung: P. (?) adriatica Hauck. Kruste dunkel-
purpurn, häutig, angewachsen, zuerst kreisförmig, am Rande
leicht gekerbt, dann unregelmäßig, mehrere cm groß, 100—400 μ
dick; Nemathezien fleckenförmig, unregelmäßig begrenzt, oft
den größten Teil der Oberfläche bedeckend. Adriatisches Meer.

2. Gattung: **Cruoriella** Crouan.

    Thallus flach krustenförmig, angewachsen, Basalschicht mit
kurzen Hafterzellen; Sporangien kreuzförmig geteilt, in ± hervor-
tretende Nemathezien vereinigt; weibliche Nemathezien enthalten
Cystok. mit verlängert oblongem Kern, Karposporen wenige, rundlich.

    Krusten rundlich gelappt oder unbestimmt ausgebreitet, 1—3 cm
im Durchmesser, 50—100 μ dick, purpurrot, Zellfäden nach oben zu
verschmälert. Adriatisches Meer, an Schnecken, Corallinaceen.

               C. armoracia Crouan
    Krusten zuerst rund, dann unregelmäßig ausgebreitet, purpurrot,
2—4 cm im Durchmesser, 80—200 μ dick. Adriatisches Meer; Nordsee, Helgoland.   **C. Dubyi** (Crouan) Schmitz

3. Gattung: **Rhododermis** Crouan.

Thallus krustenförmig, von rundlichem Umriß, Rand zuerst einschichtig, dann aus der Basalschicht bogenförmig ansteigende verzweigte Zellfäden entspringend; Sporangien in Gruppen, aus den Endzellen der aufrechten Fäden angelegt, eiförmig, unregelmäßig kreuzförmig geteilt, von unverzweigten, starren, voneinander freien Paraphysen begleitet, die aus den Enden der aufrechten Fäden entspringen (Fig. 162).

Krusten von fester Konsistenz, kreisförmig oder elliptisch, 0,3—4 cm im Durchmesser, bis 1—2 mm dick, dunkelrot, fast schwarz; Zellen der aufrechten Fäden ungefähr so breit als lang, 8—11 μ; Sporangien 32—37 μ lang, Paraphysenfäden aus 3—7 Zellen gebildet. Nordsee, Helgoland, an Stielen von Laminaria oder an Steinen, bis in die lit. Reg. **R. parasitica** Batters

4. Gattung: **Petrocelis** J. Ag.

Thallus flach krustenförmig ausgebreitet, mit der Unterseite ganz angewachsen; Basalschicht aus radial fächerförmig verlaufenden Zellreihen gebildet; aufrechte Zellfäden meist einfach, durch Gallerte verbunden; Sporangien kreuzförmig oder unregelmäßig kreuzförmig geteilt, einzeln oder zu mehreren gereiht aus Zellen im Verlauf der aufrechten Zellreihen gebildet; Cystok. zerstreut zwischen den aufrechten Zellreihen, sehr klein.

Krusten fast kreisrund oder von unregelmäßigem Umriß, fleischig, dunkel violett bis fast schwarz; Sporangien zu 2—10 in den aufrechten Zellreihen gereiht. Nordsee, Helgoland, lit. bis sublit. Reg., an Steinen oder Laminaria-Stielen (P. Ruprechtii Hauck). **P. Hennedyi** (Harv.) Batt.

5. Gattung: **Cruoria** Fries.

Thallus flach, krustenförmig, gallertartig, ganz mit der Unterseite angewachsen, Basalschicht mit radial fächerförmig verlaufenden Zellreihen, aufrechte Zellfäden einfach oder schwach verzweigt, durch Gallerte verbunden, leicht trennbar; Sporangien zerstreut, quergeteilt, seitlich an den aufrechten Zellreihen, ziemlich groß (Fig. 163); Cystok. zerstreut zwischen den aufrechten Zellreihen, klein.

Dunkelpurpurrot, schlüpfrig, Kruste ungefähr ½ mm dick, mehrere cm im Durchmesser erreichend; aufrechte Zellreihen einfach oder verzweigt, 8—12 μ dick, nach dem Grunde zu oft bedeutend verdickt. Westl. Ostsee; Nordsee, Helgoland; sublit. Reg., an Steinen. **C. pellita** (Lyngb.) Fries

Dunkelrot, schlüpfrig, Kruste 1—2 cm im Durchmesser haltend, von unbestimmtem Umriß, aufrechte Fäden einfach, hier u. da einmal gegabelt, 8 μ dick. Adriatisches Meer. **C. purpurea** Crouan

Blutrote, dünne, ungefähr $\frac{1}{2}$ cm im Durchmesser haltende Flecke auf **Lithothamnium Sonderi** bildend; aufrechte Zellreihen kurz, ungefähr 8 μ dick. Nordsee, Helgoland (Fig. 163).

C. stilla Kuckuck

6. Gattung: **Plagiospora** Kuckuck.

Thallus krustenförmig, angewachsen; Basalschicht aus 1—2 Zelllagen gebildet, aufrechte Fäden durch Gallerte verbunden; Sporangien eiförmig, seitlich an den aufrechten Zellfäden, durch schiefe Wände vierteilig.

Kruste ungefähr 1 cm im Durchmesser, rötlich; aufrechte Fäden 3—5 μ breit, aus 20—30 Zellen bestehend, Zellen so lang oder etwas länger als breit. Nordsee, Helgoland, sublit. Reg., an Steinen.

P. gracilis Kuckuck

20. Familie: **Hildenbrandiaceae.**

Cystok. nicht näher bekannt, die Stellung der Familie daher unsicher.

Einzige Gattung: **Hildenbrandia** Nardo.

Thallus dünnhäutig, der Unterlage mit der ganzen Unterseite angewachsen, dicht kleinzellig, Zellen in regelmäßigen senkrechten Reihen, dicht aneinanderschließend; Tetrasporangien quergeteilt oder kreuzförmig geteilt, in urnenförmigen nach außen geöffneten Höhlungen (Conzeptakeln) an den Wandungen entwickelt.

Thallus rosa bis dunkelrot oder bräunlich rot, bis $\frac{1}{2}$ mm dick, ausgebreitet, Oberfläche etwas uneben, mit zahlreichen feinen Poren, den Mündungen der Conzeptakeln; Zellen ungefähr kubisch, 3—4 μ im Durchmesser. Östl. Ostsee, Ost-Westpreußen; westl. Ostsee; Nordsee; Adriatisches Meer; lit. bis sublit. Reg., an Steinen u. Muscheln (H. rosea Kütz.). **H. prototypus** Nardo

Thallus dünnhäutig, unregelmäßig ausgebreitet, rosenrot bis purpurrot, sehr zart, Zellfäden nach oben zu keulenförmig, Zellen bis $1^1/_2$—2 mal so lang als breit, 3,5—6,5 μ breit. In Bächen u. Flüssen, an Steinen u. Holz, von zerstreuter Verbreitung.

H. rivularis (Liebm.) J. Ag.

21. Familie: **Corallinaceae.**

Algen durch Einlagerung von Kalk in die Zellwände verhärtet, entweder durchaus hart (bis auf die Stellen der Fortpflanzungsorgane) oder die verkalkten Glieder durch unverkalkte Gelenke unterbrochen, wodurch eine gewisse Beweglichkeit der Sprosse erreicht wird; die Form sehr verschieden: Sehr selten ± freie, verzweigte, kriechende Zellfäden, öfters eine ein- bis wenigschichtige rundliche kleine Scheibe auf **Zostera**-Blättern usw. (Fig. 166) oder eine mehr- bis vielschichtige oft dicke u. große Kruste auf Steinen usw.; an diesen

Krusten ist ein Hypothallium, dessen Zellreihen fächerförmig in der Wachstumsrichtung ausstrahlen u. sich auch bogig nach oben richten, u. ein Perithallium zu unterscheiden, dessen Zellreihen in der Fortsetzung der Hypothalliumzellreihen nach oben senkrecht sich erheben; die Hypothalliumzellreihen sind fest miteinander verbunden, so daß konzentrische Wachstumszonen zu bemerken sind, oder sie sind ± voneinander frei; aus der Kruste erheben sich durch lokale Sprossungen bei anderen Arten kürzere oder längere Äste, die häufig anastomosieren, so daß die Alge ein geweih-, gehirn- oder korallenartiges Ansehen gewinnt; die aufrechten Äste mit Reihen langgestreckter Zellen, die ein Mark bilden, u. kürzeren Rindenzellen; oder der Thallus wächst mit freien Rändern fort u. entwickelt sich blattartig flach; endlich können von einer Basalscheibe aus sich dünne, zylindrische oder abgeflachte Sprosse erheben, die gabelig oder unregelmäßig verzweigt sind u. deren verkalkte Glieder durch unverkalkte Gelenke unterbrochen sind; Fortpflanzungsorgane in unverkalkten Stellen des Thallus, Sporangien in zerstreuten Sori (Fig. 168, 169, 170), die an der Oberfläche oder etwas eingesenkt liegen u. äußerlich meist als kleine Flecken mit der Lupe kenntlich sind, jedes Sporangium mit einem besonderen Porus nach außen, oder Sporangien in krugförmigen Conzeptakeln mit einer für alle Sporangien gemeinsamen Öffnung, die Mündung durch einen über die Oberfläche der Kruste oder des Astes ± vorgezogenen spitzen Kegel kenntlich oder nicht vorgezogen (Fig. 167, 171); Karpogonien u. Antheridien in ähnlichen Conzeptakeln.

Bestimmungstabelle der Gattungen.

A. Verkalkte Sproßglieder durch unverkalkte Gelenke unterbrochen.
    a) Conzeptakeln über die Oberfläche der Sproßglieder zerstreut, halbkugelig oder kegelig vorspringend.   **1. Amphiroa.**
    b) Conzeptakeln der Spitze von Endgliedern von Sprossen eingesenkt.
        α) Verzweigung fiederig.   **2. Corallina.**
        β) Verzweigung gabelig.   **3. Jania.**
B. Keine unverkalkten Gelenke vorhanden.
    a) Thallus endophytisch in Corallina, parasitisch, Conzeptakeln außen der Nährpflanze aufsitzend.   **4. Choreonema.**
    b) Thallus nicht endophytisch.
        α) Sporangien in Sori.
            I. Thallus mehrschichtig.   **5. Lithothamnium.**
            II. Thallus einschichtig (bis auf die Stellen der Fortpflanzungsorgane), klein   **6. Epilithon.**
        β) Sporangien in Conzeptakeln.
            I. Thallus einschichtig (bis auf die Stellen der Fortpflanzungsorgane), klein.   **7. Melobesia.**
            II. Thallus mehrschichtig bis vielschichtig.

1. Sporangien auf dem **ganzen** Boden des Konzeptakels gleichmäßig entwickelt, Heterocysten, d. h. einzelne, größere, plasmareiche, unverkalkte Oberflächenzellen entwickelt. **8. Goniolithon.**
2. Sporangien nur an den Rändern des Conzeptakels entwickelt (Fig. 171, L. **expansum**), Heterocysten fehlend. **9. Lithophyllum.**

1. Gattung: **Amphiroa** Lamour.

Sprosse aufrecht, aus krustiger Basalscheibe, stielrund oder abgeflacht, zerbrechlich, mit gabeliger oder unregelmäßiger Verzweigung, Gelenke von einer bis mehreren Zellreihen gebildet, Rinde der Glieder kleinzellig, außen eine Schicht niedriger Deckzellen.

Sprosse 2—5 cm hoch, 1—1,5 mm dick, rasig wachsend, grauweiß oder bläulich grau, stielrund, gabelig u. abwechselnd verzweigt. Adriatisches Meer, obere sublit. Reg., an Felsen.

A. rigida Lamour.

Sprosse 1—4 cm hoch, 0,4—1 mm dick, locker rasig wachsend, dünn, stielrund oder etwas abgeflacht, rosenrot, $\pm$ gabelig verzweigt, die Gliederung nach unten zu undeutlich. Adriatisches Meer.

A. cryptarthrodia Zanard.

2. Gattung: **Corallina** L.

Sprosse stielrund oder abgeflacht, aus einer oft ausgedehnten Basalscheibe entspringend; Gelenke von einer Zellreihe gebildet; Seitenzweige von den Gliedern ausgehend.

Rasig wachsend, Sprosse 2—12 cm hoch, hellrot, bis 1 mm dick, mit gegenständigen Fiederzweiglein, die oben am Ende der Glieder entspringen, Fiedern oben oft keulig verdickt; Glieder rechteckig, verkehrt dreieckig oder keilförmig; die Conzeptakeln an der Spitze eingliederiger Fiederchen, also gestielt erscheinend, eiförmig-kugelig. Nordsee (Helgoland) auf Felsen, besonders in der oberen lit. Reg., in der westl. Ostsee selten, in größerer Tiefe; Adriatisches Meer, **an** Klippen der lit. Reg. (Fig. 164). Var. **mediterranea** (Aresch.) Hauck. Äste doppelt gefiedert, Fiederchen fast zylindrisch, meist alle in Conzeptakeln umgewandelt, diese mit kleinen Hörnchen besetzt. (Korallenmoos.) **C. officinalis** L.

3. Gattung: **Jania** Lamour.

Von Corallina besonders durch die regelmäßig gabelige Verzweigung der Sprosse unterschieden.

2—5 cm hoch, zart fleischrot, reich verzweigt, rasig wachsend, zerbrechlich, Glieder stielrund, bis höchstens ½ mm dick, Conzeptakeln im Markgewebe der Glieder entstehend, von denen Gabelungen ausgehen. Nordsee (Helgoland), in der oberen lit. Reg. an Steinen u. Fucus; Adriatisches Meer, an Felsen, Cystosiren usw., in der unteren lit. Reg. **J. rubens** (L.) Lamour.

4. Gattung: **Choreonema** Schmitz.

Zellfäden im Innern der Nährpflanze verzweigt, verkalkt, **an der** Oberfläche hervortretend breit eiförmige bis fast kugelige Conzeptakeln von 120—140 µ im Durchmesser bildend.

Parasitisch auf Jania rubens. Im Adriatischen Meer.

C. Thureti (Born.) Schmitz

5. Gattung: **Lithothamnium** Philippi.

Die Arten bilden meist Krusten verschiedener Dicke u. Größe, die am Gestein festhaften, seltener werden Äste ausgebildet oder sind die Arten später knollenförmig, freiliegend; Hypothallium aus längsverlaufenden Zellreihen ohne Schichtenbildung zusammengesetzt.

1. Die Sporangien-Sori ± unter die Oberfläche des Thallus eingesenkt, tellerförmig. **2.**

    Die Sporangien-Sori mit ihrer Decke ± über die Oberfläche des Thallus vorgewölbt. **3.**

2. Flache, ziemlich ausgedehnte Krusten, die bis ½ cm dick werden, uneben, rosenrot bis violettrot; stoßen auf einem Stein die Krusten verschiedener Exemplare zusammen, so wachsen sie mit gekräuselten Rändern gegeneinander hoch; Zellen klein, mit einem Chromatophor; Sporangien-Sori mit tellerförmiger, von 50—80 Poren unterbrochener Decke; Konzeptakeln eingesenkt. Nordsee (Helgoland), obere lit. Reg. bis 9 m Tiefe, auf Fels flache Krusten bildend oder Steine krustig überziehend. (Phymatolithon polymorphum (L.) Fosl., Eleutherospora polymorpha (L.) Heydr.) **L. polymorphum** (L.) Aresch.

    Krusten 0,3—0,8 mm dick, rosa, sehr hart u. glatt; Sporangien-Sori mit becherförmiger Decke, die von 60—70 Poren durchbrochen ist u. von einem großen, dicken, hervorragenden Entrindungspfropf geschlossen ist. Nordsee, Helgoland, meist auf Granit u. Feuersteinen, in größerer Tiefe. **L. emboloides** Heydr.

3. Die Arten bilden fest angewachsene Krusten. **4.**

    Die Arten entwickeln freie Lamellen oder Äste u. bilden im Alter freiliegende knollige Formen aus. **5.**

4. Krusten sehr zart u. dünn (kaum über ½ mm dick), am Rande unregelmäßig gelappt; Sporangien-Sori wenig über die Oberfläche des Thallus erhoben. Nordsee, Helgoland, meist im flachen Wasser; Adriatisches Meer. **L. Lenormandi** (Aresch.) Fosl.

    Kruste höckerig, uneben, oft kleinwarzig, bis 2 mm dick, rosenrot; die flache Decke der Sporangien-Sori mit ca. 80 Poren; Cystok.-Conzeptakeln konisch, vorragend. Nordsee, Helgoland, auf weicheren Steinen bei 5—9 m Tiefe. **L. Sonderi** Hauck

5. Thallus mit kurzen, häufig miteinander verwachsenden, oben abgerundeten Ästen von einigen mm Dicke, zuerst einen kleinen Stein, eine Muschel usw. krustig überziehend, dann bis faustgroße freiliegende Knollen bildend; Sporangien-Sori in Gruppen **an den**

Ästen. Im Adriatischen Meer in größerer Tiefe, oft in großer Menge.
(L. fasciculatum Hauck).   **L. fruticulosum** (Kütz.) Fosl.

Thallus lamellenartig, mit der Unterseite angewachsen, aber
mit ± freien Rändern, kleinere Körper einschließend u. endlich
freiliegende große Knollen bildend, die aus locker übereinander
gewachsenen Lamellen bestehen; Sporangien-Sori flache Erhebungen über die Thallusoberfläche, bis über 1 mm im Durchmesser (Fig. 169, 170).   Im Adriatischen Meer in verschiedener
Tiefe (Lithophyllum decussatum Solms).

L. Philippii Fosl.

6. Gattung: **Epilithon** Heydr.

Der zarte weißliche oder rötliche Thallus bildet auf verschiedenen
Algen kleine rundliche, oft zusammenfließende Flecken mit oft
welligem Rand; die Sori der Sporangien mit vielen Poren, flach
(Fig. 168); die geschlechtlichen Conzeptakeln halbkugelig vorspringend. Ostsee, sublit. Reg; Nordsee, Helgoland; Adriatisches Meer.

E. membranaceum (Esp.) Heydr.

7. Gattung: **Melobesia** Lamour.

Der kleine, mit der ganzen Unterseite angewachsene Thallus
zunächst im Umfang kreisförmig, dann unregelmäßig gelappt, allermeist nur aus einer Zellschicht bestehend, deren Zellen nach oben
kleine Deckzellen abschneiden, deren Umfang geringer ist als der der
eigentlichen Thalluszellen, so daß sie keine Schicht bilden; Thallus
in der Nähe der Conzeptakeln mehrschichtig.

1. Thallus aus fast parenchymatisch verbundenen Zellreihen gebildet.   2.

   Thallus aus ± voneinander freien, dichotomisch verzweigten
   Zellreihen gebildet; kleine Deckzellen; Endzellen von Zweigen
   vergrößert (Heterocysten); die Alge bildet einen dünnen weiß-
   lichen oder rötlichen Überzug auf Algen (Valonia usw.), der von
   zahlreichen Lücken durchbrochen ist.   Adriatisches Meer.

M. callithamnioides Falkenb.

2. In der Zellscheibe fehlen Heterocysten.   3.

   In der Zellscheibe einzelne Zellen, Endglieder von Zellreihen,
   größer, Heterocysten (Fig. 166); die Alge bildet zarte, rosenrote
   oder weißliche Flecken, die von vielen halbkugeligen Conzeptakeln
   bedeckt sind.   Auf verschiedenen Algen; westl. Ostsee; Nordsee;
   Adriatisches Meer; sublit. Reg. (Fig. 165, 166).

M. farinosa Lamour.

3. Zellen nicht höher als breit; die Alge bildet zarte, weißliche oder
   rosenrote Flecken auf Zostera- oder Posidonia-Blättern.
   Westl. Ostsee; Nordsee; Adriatisches Meer (Fig. 167, auf Zostera,
   Querschnitt).   **M. Lejolisii** Rosan.

   Zellen doppelt so hoch als breit; die Alge ist von etwas derberer
   Konsistenz als die vorhergehenden Arten u. manchmal mehrschich-

tig; ihre Deckzellen erreichen fast den Umfang der darunter
liegenden Zellen; sie bildet zuerst rundliche, dann nierenförmige
Flecken auf verschiedenen Algen. Nordsee; Adriatisches Meer.
M. pustulata Lamour.

8. Gattung: **Goniolithon** Fosl.

An Steinen krustige Überzüge bildend, die bis mehrere mm dick
werden, oder kleine Steine, Muscheln usw. allmählich einschließend
u. dann freiliegende knollige Körper beträchtlicher Größe bildend,
ohne Astbildung mit höckeriger oder warziger Oberfläche oder mit
kurzen Ästen; Conzeptakeln spitz kegelförmig vorgezogen, auffallend.
Im Adriatischen Meer, besonders im flachen Wasser, aber auch
in größerer Tiefe (G. brassica florida (Harv.) Fosl.).
G. mamillosum (Hauck) Fosl.

9. Gattung: **Lithophyllum** Phil.

Krustig wachsende oder reicher verästelte Formen von meist
beträchtlicher Größe; Zellreihen des Hypothalliums miteinander
verwachsen, konzentrische Schichtenbildung deutlich aufweisend.
1. Thallus krustig oder mit freien Ästen.   2.
Thallus groß, ausgebreitet, dünn, bis 1—2 mm dick, nur jung
anhaftend, später größtenteils frei, blattartig, wellig, proliferierende
Ränder übereinanderwachsend, Oberseite ziemlich glatt; Conzeptakeln wenig auffallend. f. stictaeformis (Aresch.) Fosl. bildet
unregelmäßig geformte blätterige Körper mit dünnen, übereinander-
gestellten Rändern, innen hohl. Adriatisches Meer, besonders im
tieferen Wasser (Fig. 171, Tetrasporen-Conzeptakeln).
L. expansum Phil.
2. Thallus krustig oder freiliegend, mit aufrechten Lamellen.   3.
Thallus knollig, freiliegend, bis über wallnußgroß, regelmäßig
gebildet von strahlig von der Mitte entspringenden Ästen, die
dicht gedrängt u. ± verwachsen sind; die Enden der Äste rundlich
verdickt; Conzeptakeln nicht vorspringend. Adriatisches Meer,
meist in größerer Tiefe, oft in großer Menge. (Lithothamnium
crassum Hauck.)   **L. racemus (Lam.) Fosl.**
3. Thallus krustenbildend oder große freiligende Knollen bildend,
mit aufrechten, dicklichen Lamellen, die nach allen Richtungen
gehen u. vielfach anastomosieren, oben gerundet oder oft verbreitert u. hahnenkammartig sind. Adriatisches Meer.
L. dentatum (Kütz.) Fosl.
Thallus stets krustig angewachsen, eine ein bis mehrere cm dicke
Schicht bildend, die aus zahlreichen Lamellen gebildet wird. diese
aufgerichtet, vielfach mäandrisch gewunden, anastomosierend u.
ineinander geschoben. Im Adriatischen Meer in der oberen lit.
Reg., Felsen überziehend (L. cristatum Menegh., Tenares
tortuosa (Esp.) Lemoine).   **L. tortuosum (Esp.) Fosl.**

Druck von Oscar Brandstetter in Leipzig.